U0175281

进化②

论数字政府的基因式

熊 雄◎著

南方日报出版社
NANFANG DAILY PRESS
中国·广州

图书在版编目（CIP）数据

进化. 2，论数字政府的基因式 / 熊雄著. — 广州 ：
南方日报出版社，2022.2
  ISBN 978-7-5491-2520-3

  Ⅰ．①进… Ⅱ．①熊… Ⅲ．①数据处理 Ⅳ.①TP274

中国版本图书馆CIP数据核字(2022)第031052号

JINHUA 2 LUN SHUZI ZHENGFU DE JIYINSHI
进化2：论数字政府的基因式

著　　者：	熊　雄
出版发行：	南方日报出版社
地　　址：	广州市广州大道中289号
出 版 人：	周山丹
责任编辑：	周山丹　曹　星
装帧设计：	劳华义
责任校对：	阮昌汉
责任技编：	王　兰
经　　销：	全国新华书店
印　　刷：	广东信源彩色印务有限公司
开　　本：	880 mm×1230 mm　1/32
印　　张：	7
字　　数：	110千字
版　　次：	2022年2月第1版
印　　次：	2022年2月第1次印刷
定　　价：	38.00元

投稿热线：（020）87360640　读者热线：（020）87363865
发现印装质量问题，影响阅读，请与承印厂联系调换。

人类的一切技术成就都是社会成就。人是社会性的动物，如果我们的类人猿祖先不是社会性的动物，那么他们就不可能存活下来并进化成人，而人类社会的局限性显然一直是其无限的技术能力的桎梏。

　　　　　　——阿诺德·汤因比（Arnold　J.Toynbee），

　　　　　　　　　　　　　　《人类与大地母亲》

序：基因为格

从格开始

　　"格物致知"和"知行合一"两个词语，是中国古典哲学中有关认识论和实践论的两大瑰宝。直到互联网每时每刻连接每个人、全世界变成地球村的今天，它们依然具有十分重要的思想价值，能指导我们对事物进行认识，为未来展开实践。

　　"格物致知"，这个词的准确由来，以及它产生的具体年代已经难以考证。一般认为，它的渊源来自两汉的儒学经典《礼记》。《礼记》第四十二篇《大学》中写道："古之欲明明德于天下者，先治其国；欲治其国者，先齐其家；欲齐其家者，先修其身；欲修其身者，先正其心；欲正其心者，先诚其意；欲诚其意者，先致其知；致知在格物。物格而后知至；知至而后意诚；意诚而后心正；心正而后身修；身修而后家齐；家齐而后国治；国治而后天下平。"其中"致知在格物"的提法，历经后人一代一代的传诵和引用，逐步凝练成"格物致知"四个字。但是，关于"格物致知"的具体含义从未统一过，各个学派名流颇有不同的解读，而且甚为坚持，因此产生了纷纷扰扰的论战。直到12世纪中叶，程朱理学的代表人物——南宋的朱熹，比较系统地发展了关于"格物致知"的认识，将"格物致知"作为理学的基石之一，认为它的核心要义就是研究事物而获得知识和道理，从此，朱熹对"格物致知"的解读逐渐成了主流。后来，朱熹这一派的理学，因为对精致和教条的苛求，经常沉迷于庙堂之上的空洞的争论，被认为是南宋懦弱、晚明腐朽的催化剂，难辞其咎。再加上南宋宰相韩侂胄对朱熹个人品行的大力攻击，如指责朱熹一面大讲美德一面又纳尼姑为妾等，最终导致"理学""道学""假道学""伪君子""道貌岸然"这些词被刻意关联起来，整体打包成了讽意词集，而"格物致知"作为理学的基石和朱熹的"伴学"，也因此尴尬了几百年。不过，是金子总会闪亮的，"格物致知"这个词，终究因为它不可磨灭的思想价值，为人们所广泛接受并传承了下来。

　　"知行合一"，这个词出现得比较晚，所以得到了明确的考证，是16世纪初叶明朝王守仁提出来的。王守仁，生于1472年，明朝杰出的思想家、文学家、军事家、教育家，号阳明，时人称之阳明先生，后以王阳明的大名传世，反而王守仁这个本名被淡忘了。从王阳明的生平事迹看，他是明朝暮气沉沉的封建官场中的一个异类和奇迹，既是矫健的行动派，又是爱学习、爱思考、爱创新的探索者，武能征战沙场，是百步穿杨的射箭高手，文能阔步朝堂，引起了一众官员的嫉妒和另一众官员的赏识。其实，王阳明终其一生并没有进入朝廷中枢，也没有登台拜帅，所以没有机会做到如王安石、张居正那般天下变法，或者霍去病封狼居胥、窦宪燕然勒石那般张扬国威的大事，他主要的成就体现在作为地方大员的平叛、治乱、安民上。难能可贵的是，事事都在困难中，在很少的资源支持下，因为他能发挥主观能动性而干成了，更主要的是形成了一套能够指导行动的思想体系，即以"知行合一"为标杆的"心学"。王阳明认为知行两者本是一回事，二者互为表里，不可分离，所谓"知是行的主意，行是知的工夫；知是行之始，行是知之成"。与理学相比，"知行合一"鲜明地指出了行动的重要意义，把中国古典哲学从庙堂之上的无穷无尽的理辩中解放出来，通过走入实践展现出勃勃的生命力。王阳明的学说，以及他个人在实践中取得的成就，给明朝萎靡不振的世相点缀了一抹亮丽的瑰色。在那之后的几百年里，"知行合一"指导了、激励了中国一代代有识之士的奋斗，并产生了世界性的影响力。

"格物致知"和"知行合一"的提出者本人，以及后世无数的传播者、推崇者、演绎者，出于个人不同的追求和需求，或者简单地就是想把自己丰富的学识通过朗朗上口的冠名张扬开去，纷纷给这两个词填充了渊博的理论，并且在热热闹闹的探讨争论中分野，成为不同的学门、学派，搞得这两个词成了深不可测的天井和曲径无路的迷宫，俨然似那高耸着万人敬畏的巴别塔。其实，"格物致知"和"知行合一"的最经典之处，就在于不管以其引领、悬其匾额的学门多么高大，学派多么深奥，都无法掩盖其文字的简单、通俗和精妙。"格物致知"和"知行合一"这两个词毫无生僻，普通人无须请教鸿儒，更无须膜拜大师，轻轻松松地望文释义，就足以开启思考的宝库。它们又是如此实用，当你在思考中陷入迷茫和疲倦的时候，念念这两个朗朗上口的词就可以提点激励一下自己。即使你还不确定它们讲的到底是世界观还是方法论，它们也能点拨你，这就足够了！如果更进一步，把这两个词一体化地联系起来，"格物致知、知行合一"，从格开始，以知为纽带，用知指导行动，接受行动的检验，进而在改造世界、创造价值的实践中进一步提升认识：多么优美的哲学逻辑！经典的优美，一进门就能真切地感受到，后面发生的一切不过是证明这点。

有意思的是，根据历史故事，王阳明的提出"知行合一"，却是对"格物致知"的批判的产物。"守仁格竹"的故事说：王阳明年轻时候接触了朱熹的"格物致知"学说，非常推崇，于是他在大约20岁那年，对着亭子前面的竹子无比认真地观察了7天，希望能格出圣人之理，结果却一无所获，累得吐血，昏迷不醒。从此，王阳明开始怀疑朱熹的理论，开启了自己独立的思考，直到提出"知行合一"，发展了和理学相竞立的心学。读了这个故事，固然要感叹王阳明求知的执着，但是更要感叹那个年代科学技术的落后和研究工具的匮乏。王阳明的父亲是大明状元、南京吏部尚书，家传博学，家境也是很富裕的。他作为一个勤思好学、书香门第的富家郎，却既没有显微镜帮助他去观察叶绿素曲线延展的深邃，也没有高速摄像机帮助他去捕捉蜘蛛与蜻蜓奋勇搏斗的英姿，就这么靠肉眼，坐在竹子前了无生趣地呆看了一周。肠胃的植物神经系统已经麻痹，可大脑的高级意识细胞还在进行激烈的天人交战，最后没有收获任何论文和写真，只是把好人活脱脱给折磨成了病夫，还得暗自庆幸那沙沙作响着飘到头上的几片真的是竹叶而不是竹叶青。

这个故事提醒我们，如果没有工具的帮助就去"格物"，即使是王阳明那样的智慧练达之人也无法"致知"。如果你确定自己不具备无中生有、由心生学的天分，那在观察之前的第一要务，是要找一个工具的帮助。也就是说，欲"格物"，先"寻格"，"以格格物"方能"格物致知"，进而"知行合一"。

砖的模

为了格物，我们先要寻找一个格。这个格应该是什么样子的呢？

思想的第一尺阳光往往来自童年的生活经历。在几十年前，江西传统的乡间，最早让嬉戏的孩子感受到工业的蓬勃生命的，是那星星点点散布在田野中的手工砖窑。既然是手工的，那砖窑当然一般不大，主体就是一孔烧柴的窑炉，体积和中等人家的客厅差不多大小，旁边有个平整的场地，堆着砖坯在太阳下晒，遇上雨天砖坯上会盖些稻草。这些砖坯将被送到窑炉里烧成砖，烧出来的青砖居多，敲上去有点金属的脆质感，红砖较少，敲上去有些木头的绵实感。每块砖坯都一样大小，长约24厘米，长、宽、厚接近4：2：1的比例。那时候还没有制砖机，这些砖坯都是师傅凭手臂的力量把黏土团"砸"入木头模具中，然后用弦弓"割"平表面，再从模具中"倒"出来的。就这样，黄褐色的黏土，变成一块块的砖坯，送入砖窑烧成砖，再一车车地运到旁边的村子里，一间间房屋就这样变魔术般立了起来。瓦，一般是青瓦，也有红瓦，也是这样烧出来的。那时的乡村，一个勤快的少年，十五六岁离开家，跟师傅做几年学徒，学会烧砖的手艺后出师，回到家乡搭起小砖窑，烧几窑自家用，再烧更多的卖给乡里赚些钱，买些木料，请上泥水匠，就可以建起房子，然后就是成家，以后就好好种地养家糊口了。

"这么简单啊？"我知道这些时，曾经这样问大人。"很辛苦的，别人农闲时候正是烧砖人最忙时。秋风秋雨里起早贪黑地劳动，脸被炙得通红，累得不成人形"，大人这样回答。学门手艺，辛勤劳动，一砖一瓦地积累，于是就有了家业，这就是一个江西乡村的关于成长的梦。这中间，最有灵气的，或者说点石成金的关键就是模子，有了模子，泥巴就可以变成砖，砖就可以变成墙，最后变成一栋栋的房子，遮风挡雨，庇护一家人安居乐业。4：2：1，这就是我在童年时信奉的黄金比例。后来上了大学，那些关于有和无的辩证又如此这般地提示我，决定砖的形状和大小的其实不是模子，而是模子中空的部分。空的是什么形状，做出来的砖就是什么形状，空的空间有多大，做出来的砖就有多大，从中油然品出了些若谷中空、为万家塑型的风格。

由于取土烧砖对耕地的破坏，有那么一二十年了，乡村的手工小砖窑已经不再允许运作。但是，那蒸腾着有时是白色的水汽有时是灰色的烟尘的砖窑，伴着那命中注定作为绿肥，却依然在倒春寒中灿烂地遍野开放，和着蜜蜂嗡嗡地唱出大地生机的紫云英，还有那蜿蜒起伏的青色丘陵上，如水抹的红霞一般漫山的映山红，以及那些房檐低垂着破旧而温暖，鸡鸣狗叫着简陋又亲切的乡村小巷，如一幅深雕的版画刻在了我的记忆里。所以，当我想着我需要找一个格的时候，我脑海中第一个浮现的参照物就是砖的模。我就是觉得，这个格无论是为什么的，都应该像砖模一样有型，简洁而清晰，带来视觉感，整齐又有序，带来工业感，透过那窑炉中红色的火焰，似乎看到一栋栋房屋就这样伫立起来，带来成长的喜悦。

带着基因出发

面对复杂的世界，我们在每一个学科领域都努力地找一个格，或者说树立一个能作为基点的思维工具。这个思维工具可能是一条原理、一个公式、一段话，甚至是一根曲线。数学的从1+1=2到微积分方程，物理的从能量守恒定律到$E=mc^2$公式，化学的从催化反应到酸碱平衡，哲学的从"我思故我在"到对立统一，无不提供了一种可以谓之为格的观察和思考的工具，也就是可以触类旁通、触类旁证，带有普遍意义的思维工具。

不过，这些思维工具，被用来格我们称之为"组织"的事物的时候，就有些不够管用了。好在，现代生物学又为我们提供了基因这个思维工具。随着基因科普的深入，我们越发觉得，把生物学中对基因的观点认识，推及用来解读人类社会现象的时候，也有其贴切之处，尤其是用来思考互联网和数字社会的现象时，非常具有启发性。究其原因，应该是随着互联网

的发展，它越来越像一个生命体的成长，从单细胞到组织，从简单的组织到复杂的组织，从组织到群体乃至社会。

　　本书是一本基于场景指导实践的关于行动的指南。全书试图以基因为格，开启触类旁通的思维，面向数字政府的场景，探讨其中的组织管理，模拟一场从格物致知到知行合一的实践。

目　录

附：新加坡电子政府考察报告

上篇　知不厌繁——用基因格世界

第一章　印象基因

1.基因的型

基因，是外语单词Gene的音译。1909年，丹麦植物学家威廉·约翰逊在《精密遗传学原理》一书中使用了"Gene"一词，该词源自希腊语"geno"，意为"出生"。虽然确实是一个舶来的单词，但是它的音译和意译结合得非常成功。"基因"两字，汉语里展开来的意思就是基础的原因、基础的因素，非常贴切，非常好理解，从一开始就不给人以生疏或生畏的感觉。

从生物学角度看，基因是脱氧核糖核酸（DeoxyriboNucleic Acid，缩写为DNA）上记录遗传信息的片段。具体是这样的：基因存在于染色体上，在染色体上线性排列，每条染色体含有1—2个DNA分子，基因是DNA分子中具有遗传效应的DNA片段，这些DNA片段由成百上千个脱氧核苷酸排列而成，脱氧核苷酸的排列顺序，即碱基序列就是遗传信息。不过，这只是最基本但不完整的常识，实际情况要复杂得多，比如现代研究就表明，某些病毒的基因不是由DNA构成，而是由核糖核酸（RiboNucleic Acid，缩写为RNA）构成。

从信息学角度看，生命就是一个信息的载体。生命承载的信息有两部分，一部分叫基因，一部分叫记忆。其中基因信息是生命的根本属性，生命的所有细胞、所有物质存在的意义，就是保留基因，以及把它遗传下去。记忆是基因的衍生品，是永恒的基因施予生命的一次性体验。生命无法感知自己的基因的存在，只能通过记忆感受自己曾经存在的体验。生命消失了，记忆就随之而消失了，但是基因不会消失，只要用核苷酸组装出同样的信息，基因就能重生。对于人这个生命体而言，基因就是人自己不知道的那一部分自己携带的信息。作为记忆主体的人，在基因面前却是客体。铁打的基因、代谢的物质、流水的记忆，组合起来就是生命。

基因是生命的密码，生命的过程就是基因操纵生命机体的不同构造，从而展现不同功能的过程。基因也是生命的ID，不同的ID对应不同的脚本，每个人的一生就是按照这个脚本拍摄的电影。

上面几段拗口的话，加上基因、染色体、核苷酸、核糖核酸、碱基这几个含义交叉的词的关联跳跃，足以把基因变成一个沉重、复杂的概念，这恰恰是成为"格"的大忌！

幸运的是，1953年，美国的沃森和英国的克里克提出了DNA双螺旋结构的分子模型，这个模型现在是每个中学生物实验室必然的陈列物。按照这个模型，DNA分子是一对彼此以螺旋缠绕方式环环紧扣的双链，姑且称之为甲链和乙链。两条链的每个环节互为配对，就好比甲链的某个环节是黑，乙链的这个环节必然就是白，甲链的某个环节是白，乙链的这个环节必然就是黑。所以，只要有任意一条链，就可以按照配对关系复制出另一条链。细胞繁殖是母细胞通过分裂变成两个子细胞的过程。分裂开始前，母细胞中的DNA分子的双链先解除缠绕，成为两条单独的链，接着母细胞分裂成两个子细胞，两条链被分配到两个子细胞中，然后在子细胞中各自复制出另一条链，这样两个子细胞就都具有了和母细胞一样的DNA分子双链。

不需要累赘的说教，看着这个直观清晰的几何模

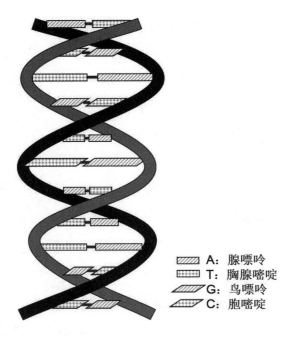

图 1　DNA 双螺旋结构模型

型（见图1），脑海中很容易想象出双链解除缠绕、各自复制的动画。很轻松、具体、生动！

　　虽然我们知道DNA并不等于基因，事实上的基因复杂得多，但是这有什么关系呢？我们需要的"格"并不是一套完整而正确的学说，而是为了一个简单的开始。DNA双螺旋结构模型给基因赋予了"活"的型，使基因成了一个很好的"格"，我们从此可以用它来格物了！

2. 基因的码

DNA中主要有四种类型的脱氧核苷酸——腺嘌呤dAMP、鸟嘌呤dGMP、胞嘧啶dCMP和胸腺嘧啶dTMP，简称A、G、C、T。这些脱氧核苷酸的排列顺序就是基因携带的遗传信息。我们把基因上的脱氧核苷酸序列用A、G、C、T字母串加以符号化表达，或者采用计算机使用的编码方式进一步数字化后，就成了一串代码。代码中蕴藏着信息，信息中有含义。

人类基因工程的目标就是读取人类细胞基因的这些代码，把其中的信息分析出来，破译它们的含义，进而试图通过定向干预或者改变某些部分的基因，达到治疗疾病等目的。1990年启动的人类基因组计划（Human Genome Project, 缩写为HGP）是人类基因工程的奠基石，它是一项规模宏大的科学工程，与曼哈顿原子弹计划、阿波罗登月计划并称为三大科学计划，目标是测定人体内组成2.5万个基因的30亿个碱基对的核苷酸序列，绘制人类基因组图谱。HGP投资30亿美元，美、英、日、法、德、中六国科学家历经13年，于2003年4月14日完成测序工作。从2003年到2022年，19年后的今天，基因测序成本降低到了几十万分之一，时间也减少到只需几个小时，已经成为普通民众可以购买的一项商业化服务。不过，基因测序再便宜、再快捷，也仅仅代表我们能够读出基因代码，并不意味着我们已经掌握了其中的信息，更不意味着我们破译了基因的含义。我们现在只是拿到了一本写于百万年前人类诞生时期的30亿字的"天书"，现在每个字我们都看清楚了，但是每个字的释义，我们还在摸索，整本书的内涵，我们还茫无头绪。想象一下这个难度，和我们穿越到百万年之后，面对一本30亿字的生物学课本——可能那时已经不叫生物学了，试图通过自学看懂它一样难。

有必要指出的是，从代码到信息到含义，它们之间并不是简单的对应关系，采用不同的翻译方法、具备不同的知识背景，可能得出完全不同的解读。就好比面对1459054这串数字符号，直观的解读就是一串准确而没有规律的数字代码；但是用差值法，我们可以解读出314159，在这里差值法就是翻译方法；如果我们有圆周率的知识背景，我们会知道这就是圆周率。所以，如果我们有合适的翻译方法和相应的知识背景，当我们挖掘到一面古代的壁刻，在上面看到1459054这串数字符号时，我们就能意识到创作壁刻的那个年代的人们已经掌握了圆周率。

　　而我们目前的基因科学，还处在直观的解读阶段，初步开始尝试不同的翻译方法，至于相应的知识背景还基本是空白。我们对基因的了解方法，还停留在对比和统计上，通过有限的试对和试错试验，来判读某段信息的作用，说白了就是反复比较法。至于某段基因为什么能影响头发的颜色，又通过什么作用力去影响头发的颜色，类似这些的常识性问题，基因科学还无法做出规律性的解释，只能说"我们观察到的事实就是这样"。这是理性研究的初级阶段，和原始人钻木取火的层次差不多，只不过原始人使用的是木棒，现代人使用的是高科技造出的象牙棒而已。明代的李时珍遍尝百草，在前人大量经验积累基础之上，用了26年时间，收药1892种，著成《本草纲目》，即使这样，每个药方也不过几味药物的排列组合。而人类同时有2.5万个基因，就像老祖宗留下的一个用2.5万味药配成的药方，想弄清楚每味药在这个药方中的作用，多一味少一味会怎么样，每一味多用一点少用一点有什么影响，哪些是主药，哪些是辅药，哪些是药引子，哪些是为了对冲另一种药的副作用而存在，要靠试去找寻答案，这是多么艰巨的事情。

　　不过，千万不能由于现在所处的阶段很初级，就认为基因科学的突破还很遥远，从而气馁，或者对别人的努力麻木不理。现在确实是很初级，突破看上去确实是很遥远，却极有可能朝发夕至！因为，基因科学已经进入计算机时代，在计算机时代里，一切发展和进化的速度，甚至加速度都是指数计算的。1000亿倍的差距确实很大，然而用指数计算不过是10的11次方而已，走11步就可以到达！

比如历史上对圆周率 π 的计算：

公元前3世纪，古希腊大数学家阿基米德计算出圆周率为3.141 851，准确到小数点后第3位；公元480年左右，中国南北朝时期的数学家祖冲之计算出圆周率精确到小数点后7位的结果，给出不足近似值3.141 592 6和过剩近似值3.141 592 7；15世纪初，阿拉伯数学家卡西求得圆周率17位精确小数值，打破祖冲之保持近千年的纪录；1596年，德国数学家鲁道夫·范·科伊伦将π值计算到20位小数值，后来又投入毕生精力，于1610年计算到35位小数值，该数值被用他的名字称为鲁道夫数；1948年，英国的弗格森和美国的伦奇共同发表了π的808位小数值，这也成了人工计算年代，圆周率值的最高纪录。

1946年，美国制造出世界上首部电脑ENIAC

（Electronic Numerical Integrator And Computer，电子数字积分计算机），从此圆周率计算进入计算机时代，开始了突飞猛进的发展。1949年，这部电脑计算出π的2037个小数位；1955年，IBM NORC（Naval Ordnance Research Calculator，海军兵器研究计算机）计算出π的3089个小数位；1973年，Jean Guilloud和Martin Bouyer用当时的超级计算机CDC 7600计算出π的第一百万个小数位；1989年，美国哥伦比亚大学研究人员用克雷-2型（Cray-2）和IBM-3090/VF型巨型电子计算机计算出π值小数点后4.8亿位数，后又继续计算到小数点后10.1亿位数；2010年，法国工程师法布里斯·贝拉将π计算到小数点后27 000亿位；2011年，日本的近藤茂利用自己组装的计算机，经过约一年的机器计算，将π计算到小数点后10万亿位；2019年3月14日，前谷歌工程师爱玛使用谷歌云平台提供的25个虚拟机，经过大约4个月的机器计算，计算出π值小数点后31.4万亿位，准确地说是31 415 926 535 897位。

用了2200年，计算到808位，这是人工计算圆周率值的成绩；用了70年，计算到31 415 926 535 897位，这是计算机计算圆周率值的成绩！所以，一旦有了可读的代码，在计算机时代，基因科学的前景就不可限量。

总之，蕴藏丰富的信息，需要翻译和解读，直接决定着生命的运动，孕育着千变万化，发展速度指数加快，这就是基因的码的魔力。

3. 基因的生命运动：复制

运动是物质的基本属性，没有不运动的物质，也没有脱离物质的运动。生命在于运动，只要生命的基础是物质，就没有不运动的生命，而这运动也必须具备物质的基础。

运动分为机械运动、物理运动、化学运动、生物运动等等。在运动这个词刚产生的时候，我们指的是机械运动，比如身体的运动，就是肌肉驱动下的机械运动。随着科学的发展，我们把运动扩展到物理运动，比如分子的热运动；扩展到化学运动，比如氢气燃烧，氢原子和氧原子结合成为水分子的运动；扩展到生物运动，比如新陈代谢，包括同化作用和异化作用这两个相反又同时进行的过程。不论是物理运动、化学运动，还是生物运动，在我们的脑海中运转的思维模型，其实都是机械运动，是物体，可以大到星球，也可以小到原子的物体的机械运动。即使是波的运动，也是一种物体的背景在做机械运动。而这运动一定是被某种力驱动的，且必然带来能量的转换。

　　然而，当运动成为一个哲学词语，成为一个文字符号，成为一个用于思考的概念的时候，我们使用运动这个词所指代的对象虽然和物质仍然具有普遍的联系，却已经如此抽象地脱离于物质，因而可以认为是非物质，至少是超物质的。比如社会组织的运动，比如思想解放的运动。

　　那么，基因有运动吗？如果有，基因是怎么运动的呢？显然，基因应该是在运动的，它的载体，它的物质介质，每时每刻都在进行丰富的运动。但是，基因的根本属性是信息，所以基因的载体的运动不能等同于基因的运动。基因的运动根本上是什么？穷举了一番之后，我们发现，基因本身只有一种运动，就是复制。基因永远在运动着，指的就是基因永远在复制着，或者处于复制中的某一个阶段。

　　比如人体细胞，从受精卵开始，细胞的增殖就伴随着基因的复制。基因在细胞内复制，细胞分裂，一个细胞变成两个细胞，每个细胞中都有了同样的基因。随着细胞的增殖，细胞开始逐步分化，先是有小的不同，接着形成不同的组织，最后发育成不同的器官。

　　病毒是比细胞更小的基因载体，它的结构非常简单，只含一种核酸（DNA或RNA）。病毒是最纯粹的基因表现形式，因为它本身甚至都不进行新陈代谢，只是一个没有生命迹象，更不能取食和繁殖的结晶体，是一个"裸奔"的微粒。病毒没有运动能力，它附着在其他物体上"流浪"，从皮肤、眼泪、毛巾，到灰尘、餐具、蟑螂等，一旦遇上合适的寄主，就感染寄主的细胞。感染过程是这样的：病毒与寄主细胞接触，病毒外壳与寄主细胞的细胞壁融合，病毒的遗传物质注入细胞，使用细胞的营养物质进行复制，复制快速进行，病毒数量剧烈增加，最后涨破细胞回到细胞外，去感染下一个细胞。生物学上，把病毒的生命过程大致分为吸附（寄主细胞）、注入（遗传物质）、（使用寄主细胞DNA）合成、装配（新病毒个体）、释放（到细胞外）五个步骤。

病毒是所有的生命物体中最接近纯粹的信息的一种，可以说病毒就是有生命的信息本身。病毒运动的唯一目的，就是复制自己。病毒在侵入细胞之前是在被动运动着的，这时它的存在是价值静默的。只有在侵入细胞，开始复制以后，存在才有了价值，当然我们人类认为这个价值是负面的。也就是说，病毒侵入细胞前的存在，可以认为是在等待复制的阶段，是复制前阶段，所以，还是复制的一个阶段。

总之，基因的运动，就是复制。基因的生命在于运动，因为它作为生命的存在目的，就是为了复制。因为复制，基因的信息才成为遗传信息，基因才创造了生命，基因才被称为基因。

4. 基因的进化：随机变异与自然选择

细胞在一代代的分裂、繁衍中，不断地发生着变化，这才有了肌肉、神经等不同的组织或者器官。其中一个无可避免的变化，就是细胞分裂到一定次数以后，它的活力会开始衰减，也就是开始衰老，再分裂到一定次数以后，它的分裂会变慢，直到停止，也就是走向死亡。导致细胞这种变化的原因是什么，目前正在研究，可能是细胞中某种活性物质在反复分裂中不断损耗，就好比计算机电路的老化，也可能是基因控制下的一种机制，就好比计算机给自己设置了一个倒计时的计时器。不管是什么原因，这个事实提醒我们，基因的物质载体是会变化的，而鉴于基因是由载体承载的码，载体的变化如果触动到码的表达次序，就会带来基因的变化。

基因的变化导致物种的变化，学科上称基因的这种变化为基因变异。一般情况下，变异是随机的，然后经过自然环境的选择，适应环境的变异的物种生存了下来，繁殖得更多，而不适应环境的变异的物种被淘汰——这就是达尔文的物竞天择的学说。与之对立的拉马克的用进废退的学说，经过反复争论和生物考古的长期推敲，在物种起源领域已被证伪，但它作为物竞天择学说的思辩的另一方，在基因领域和其他一些领域，仍有启发意义。

地球刚开始时候的基因是很简单的，现在的所有生命的基因都是经过大约40亿年的变异，或者说进化而来的。基因的进化过程包括三个阶段：随机变异—自然选择—优胜劣汰。通过进化，大约34亿年前出现了细菌，大约10亿年前出现了蠕虫，大约2.5亿年前出现了恐龙，大约3000万年前出现了古猿，大约500万年前出现了直立行走的古人类，大约25万年前出现了现代人的祖先智人。

目前的科学研究对基因变异的速度、变异导致的影响、变异造成影响的机制等等，都还没有形成清晰的结论，姑且只能认为主要是受概率规律的约束。有些环境下，基因变异的概率大，物种变化的速度就会加快，出现变化的物种个体会剧烈增多。虽然这些变化，大部分按照大自然的标准是属于退化，会被淘汰的，但由于绝对数量的增加，其中总会出现一些属于进化的个体，它们因为更适应大自然而会生存下来，并不断繁衍壮大，从而促进物种的繁荣。

现代科学发现了这个现象，于是有意识地制造一些诱发基因变异的环境，以获得对人类有用的基因。最典型的是太空育种，即把植物种子或者试管种苗通过高空气球或者返回式航天器送到太空，让种子、种苗在太空的失重、真空、宇宙辐射、无污染这些地面上无法创造的环境中，诱发地球上难以发生的变异，从中筛选出我们需要的新品种。有统计指出，太空育种的变异率在0.05%—0.5%之间，较普通诱变育种高3—4倍，育种周期较杂交育种缩短约一半，由8年左右缩短至4年左右。虽然太空育种已经取得了很大的成果，但是太空中究竟具体哪些因素是诱发变异的主要因素，这些因素是通过怎样的物理或者化学作用影响变异，并未有有效的研究。科学家也无法控制太空育种过程中种子、种苗的变异方向，大部分的变异也不是抗病能力增强、早熟、高产等有益变异，而是相反的劣性变异。

太空育种开启了人类主动干预基因变异和物种进

化的进程。在太空育种中，人类改变了随机变异的概率，变自然选择为人类根据自己的需要进行选择和繁衍。不过，虽然太空火箭的发射很壮观，航天器围绕地球飞行的场景在脑海中非常震撼，但是和现代基因工程对基因变异的强力干预比起来，太空育种只能算是弱力干扰。现代基因工程使用基因拼接和DNA重组技术，已经可以直接在分子级别的微观世界里，对基因进行插入、拼接、改变。也许再过二三十年，人类就可以以比较经济的成本直接修改基因代码了，随机变异、自然选择的基因变成了所想即所得的基因编辑的作品。不过，基因工程虽然已经具备了这样的能力，可由于对基因作用原理认识的严重不足，人类在运用这样的能力的时候，风险是极大的。设想一下，对一个由30亿个指令字节组成的程序，没读懂就直接修改它的执行代码，造成程序崩溃的风险有多大！一旦程序崩溃造成的危险有多大！而且，历史经验表明，人类自以为正确的选择永远是有局限性的，因为毕竟在人类世界之外永远还有一个更大的自然，对于人类的选择，自然永远保有最终的否决权。

第二章　基因的空间观

5. 细胞单元

　　基因存在于细胞中。如果一个基因有眼睛，它的眼里能看到的空间仅仅是一个细胞。如果一个基因有语言，它所说的空间，只是它所存在的细胞的细胞壁内的空间。每个基因所在的那个细胞空间是一个独立的完整的空间，有基因所需要的一切。基因又通过这个细胞和其他细胞以及外部世界发生物质的、能量的、信息的交换传递。就好比我们生存在已知的宇宙中，我们又通过已知的宇宙和未知的宇宙发生着联系，不过因为联系的是未知的宇宙，所以我们不知道这个联系是什么，不知道这个联系的存在方式，甚至不知道这个联系是否具体存在。

　　还需要指出的是，每个基因也是全部地存在于一个细胞中。一个细胞中包括的基因既是独立的，也是完整的。在这个独立的、完整的基因的作用下，每个细胞成了一个相对完备的生命单元。这个单元在基因信息的驱动下，有一套完整的行为逻辑。这个逻辑有时候是代代相传、足够显式的，比如细胞的分裂，从一个细胞分裂成两个一样的细胞；有时候是代代相异、非常隐式的，比如细胞经过几代分裂以后，开始分化成不同的器官细胞。不管细胞如何分裂到亿万之数，分化之后的细胞的样子是如何千差万别，从基因的角度看，一个生命机体的细胞和细胞之间，是一样的，同一个物种的不同生命机体的细胞和细胞之间，是相似的。

按照生物学的阐述，结构功能相同的细胞形成的群体，就是组织。形成组织的细胞的行为的集合形成了组织的行为。有种种迹象显示，形成一个组织的细胞的行为之间存在着同步协调机制，组织的行为是细胞的行为在同步协调机制作用下形成的积分。反之，从组织的角度看，每一个细胞就是由一个细胞组成的组织，细胞的行为是组织的行为在微观上的映像，是组织的行为的微分。而且很有可能，这种积分和微分的定律，是由基因决定的，它就是基因的码所表示的信息中所包括的含义。

世界是普遍联系的，一个细胞和另一个细胞的基因既独立地作用着，又必然通过多种机制相互作用，而且这种机制我们永远不能穷尽认识。我们认识到的作用机制，就好比是N次方程，而这个N次方程只是

N+1次方程在某个特定情况，即N+1次项的系数为零的情况下的简化式。这就是生命的玄妙。

6. 链式关联

　　用复杂的数学公式来描述细胞之间的关系，那是数学家的事情。对于作为传播学受体的大众的我们，需要的是一个直观的拓扑联系。最直观的拓扑联系，就是线式联系，即把任何我们认为存在的联系用线条表示出来，进而成为一个线条图。两个细胞之间有联系，我们就用直线把两个细胞连起来，三个细胞之间有联系，我们就用折线把它们连起来。

　　这样把细胞都用线条联系起来，必然是一个非常复杂的拓扑网络。为了把复杂问题简单化，我们会对这些网络进行分类，比如星型的、总线型的、蜂窝型的，以及混合型的。我们在这种惯性思维的驱动下绘制的网络结构有一个共性特点，就是包括两种结点，即网络交换结点和网络终端结点。现在，以P2P网络为标志，一种新的网络拓扑强势出现，它就是链式网络。链式网络和传统网络的最大不同，就是网络交换结点和网络终端结点是一体的。从视觉效果去想象，这是很好理解的，就像自行车链条的每个环节，既是节点，也是连线。

　　链式不等于传统链条，是在后者基础上的发展。传统链条是单线性的，它的单位是条，"一条链、两条链"，我们这样称呼它。而链式不是简单的几条链的概念，它是这样的定义：是一组单元的集合，每个单元是一样的，单元之间直接发生联系或者不发生联系，没有独立的和其他所有单元都不发生联系的单元。符合这个定义的就是链，链的组成方式就是链式，单元和单元之间的联系就是链式关联。按照这个定义，链的任意子集都是链，链的任意组合只要符合定义，也是链。而任何复杂拓扑的网络，不管是堆砌的、层叠的、孔状的，还是其他任何形状的，只要满足"每一个结点都是一样的，都是完整的，结点和结点之间直接发生联系，不通过其他非结点的纽带"的特征，就可以称之为链式网络。显然，如果我们忽略细胞间质，那么由细胞形成的组织，就是以细胞为结点的链式网络。

　　链式反应，则是指在反应造成的结果中，包括了反应发生的全部初始条件，所以从反应结束的那一刻起，新的反应就可以完全"从新"开始。链是链式反应的产品。细胞的分裂，基因的复制，就是典型的链式反应，而所形成的组织，就是链式反应的产品。

链的结点和结点之间发生联系的机制，是形成链的基本机制。它是多样化的，包括我们认识到的（即显形的），也有我们没有认识到的（即隐形的）。即使是显形的，当我们用不同的格去格它的时候，也会有完全不同的认识。用机械的、物理的、化学的以及生物的格，我们认识到人的生命细胞链成了组织、器官、人体；用信息的、文化的、思想的以及历史的格，我们认识到个人链成了团体、族群、社会。对离散分布在空间里的多个结点，如果我们把时间作为链接机制，也可以形成链。即使一个独立的在固定空间里静止不动的结点，如果把它放在一个离散时间坐标系中观察，它就是一条历史的长链。

7. 环境赋能

基因存在于它的细胞中，它操纵着它所栖身的细胞和其他细胞，或者说和其他细胞中的基因发生链式关联，它的运动就是复制自己，而不是要奔跑和竞争……这些，把基因刻画成一幅全能的形象。不过，这只发生在信息的世界里。放到更大的世界里，在更大的环境背景中，基因没有这么强大。首先，基因不能脱离物质，然后，物质的运动是需要能量的，所以，基因一旦运动起来，就需要能量。而且基因自己并不携带能量，基因运动的能量是从环境获得的，基因操纵细胞，乃至改变环境的能量也是从环境获得的，总之就是：环境赋能。

环境赋予的能量可以有很多种，可能是物理的，可能是化学的，可能是核子质能，等等。无论什么能量，按照传统的观点，要获得它们，发起的一方都需要一个能量去启动这个获得的过程，虽然这个能量可以无比微弱。就好比一个放在铁塔顶端的铁球，轻轻触碰一下，铁球就会掉下铁塔，释放出巨大的能量。而这轻轻触碰，不管多么轻，也是需要力的，不管多么细微，这个力也是有作用距离的。有力，有距离，发起者就消耗了能量。如果这个发起者是自身没有能量的基因，它的发起能量又从哪里来？这似乎是一个关于鸡和蛋哪个先出现的诡辩论题，无法有明确的答案。总之，由上一个零件推动下一个零件，传递力和能量，这种组成系统的方式或者说组织方式，是机械时代的思维，无法用来解释基因是如何获得能量的。

数字电路的设计给我们启发。在数字电路中，每个数字集成电路芯片都需要由外部电源供给能量，所以芯片都有专门的电源引脚和接地引脚,稍微复杂一点的电路板,还会为此设计专门的电源层和接地层。把数字电路与基因做类比后,我们可以这样合理地假设:基因就像一个芯片,自己没有能量,而是从自己接触的环境中获得能量。它就像一个冬眠的冷血动物,在温暖的阳光照射下苏醒过来,先是光能使它的血液变暖,然后肌肉有了伸缩的力量,接着它就能够开始四处觅食,获得其他能量了。

还有一种特殊的数字电路给我们更多的启发,那就是射频识别RFID电路(注:这里仅指无源RFID)。RFID技术基于1948年哈里·斯托克曼提出的"利用反射功率的通讯"理论基础,它采用阅读器发射电磁信号,在一定范围内形成电磁场,标签进入电磁场后产生感应电流,该感应电流为标签提供能量。标签获得能量后,把自身的编码信息经标签天线向外辐射给阅读器读取。RFID电路也是一种需要能量的数字电路,只不过它的能耗极小,不需要专门的能量供应,只要环境中有一个电磁能量辐射背景就够了。技术上这种量的进步,引发了逻辑上主从关系的更替,打通了数字电路概念与生物视觉概念之间的高墙。阅读器发出电磁波(也是一种"光"),在"光"照射下,阅读器看见了RFID标签里面存储的信息：就是这么简单！数字电路技术走了那么远的路，用天线发射了那么多"光"，终于实现了高速的信息通信，但是继续走着走着，却发现有一个完全超越过去的境界，就是自己不发"光"，而是让环境的"光"照射自己，这个"光"只要让环境能够看见自己就足矣。

把RFID标签与基因做类比后，我们可以这样合理地假设：基因确实没有运用能量，是环境"看到"了基因的信息，然后运用自己的能量推着基因去运动。

第三章　基因的进化力

8. 小概率的力量

1949年，一位名叫爱德华·墨菲的空军上尉说了这么一句话："只要一件事有可能弄错，他就肯定得把这事给弄错！"这句话被称作"墨菲定律"，演绎出很多个版本，甚至被夸张地称为20世纪西方文化三大发现之一。不同版本的墨菲定律大概包括了这些意思：任何事都没有表面看起来那么简单；会出错的事总会出错；如果你担心某种情况发生，那么它就更可能发生。如果用概率论的观点稍加分析，就会发现这其实是一个很简单的概率现象，即只要事情发生的次数足够多，那么那个原来想尽量避免，而且以为可以避免的小概率事件就必然会发生；因为它的出乎意料，一次小概率事件的发生，造成的后果和影响力，远远比发生一次大概率事件的后果和影响力大。所以，比起墨菲定律本身，更值得研究的是，为什么这么一句简单的话，这么一个简单的道理，会传播如此之广，会击中这么多人的心坎，成为他们的心钥或者借口。合理的解释是，这句话是一个朗朗上口的口头禅，就和"我的天""事情没有这么简单"一样，以此话开头，你觉得可以很容易展开你的话匣子；或者和"造化弄人""事情就是这样无法预料"一样，以此话结束，你觉得可以很容易推卸自己的责任……人们并不愿意承认自己天生就懂得这点，而宁可说是被一个定律点醒的。

　　墨菲定律给人以警示，比如在安全生产方面，要从思想上警钟长鸣、克服麻痹大意，管理上防微杜渐、避免盲区死角，技术上精益求精、消除细小隐患。不过，我们也可以从轻松的角度去演绎一个关于创新的墨菲定律的版本，那就是：会出现的创新总会出现，只要你意识到某个创新的可能，那么它就更可能发生。我们无妨称这个版本为墨菲创新定律。

把墨菲创新定律运用于分析一个组织的创新活力，我们可以得出这样的推论：在一个包含大量个体的组织中，时刻都在孕育和发生着个体的创新，而终究有一天，而且是不远的一天，其中某个个体的某个创新将成为整个组织的普遍的属性。

基因的变化和变异，就是墨菲创新定律作用下的典型现象。基因的每次变化和变异，都是某个细胞个体的某个小概率事件，但是终究从这些小概率事件中出现了统治世界的那些变化和变异。现代的每一个物种的每一个个体的每一个细胞，都是这些变化和变异的结果。这就是小概率的力量。

9. 微聚的力量

物理学定义了自然界中的四种基本力，分别是强相互作用力（简称"强力"）、弱相互作用力（简称"弱力"）、电磁相互作用力（简称"电磁力"）和万有引力（简称"引力"）。这四种基本力的有效作用范围和强度相差极大，它们在有效范围内的强度从强到弱依次是：①强力，维持原子核的吸引力，把原子核中的质子和中子紧紧束缚在一起，是短程力，强度在有效作用范围内是四种基本力中最强的；②电磁力，两个带电物体之间的相互作用力，同性相斥，异性相吸，属于长程力，强度是四种基本力中次强的，约为强力的1/100；③弱力，作用距离极短，是四种基本力中最短的，强度则是四种基本力中第三强的，约为强力的1/10 000 000 000 000；④引力，即牛顿发现的存在于任何两个有质量的点之间的吸引力，属于长程力，强度是四种基本力中最弱的，弱到只有强力的大约1/100 000 000 000 000 000 000 000 000 000 000 000。

在微观的原子的世界里，强力、电磁力起着决定性作用，弱力有时候显示一点作用，引力是绝对可以忽略不计的。然而，在宏观的星体的宇宙里，在远远超越强力、电磁力、弱力作用范围的距离上，万有引力以其可叠加性，即质量越大引力越强的特性，成为决定性的力量。在四种基本力中，万有引力正如《道德经》第七十八章中所言，"天下莫柔弱于水，而攻坚强者莫之能胜，以其无以易之"。

在基因的世界里，也有类似的现象。DNA分子双链的碱基是通过氢键配对关联，从而维系双链缠绕。而氢键的强度大大弱于维系单链的共价键，所以当处于特定的环境时，比如用药剂浸泡并加热到一定温度，氢键会断裂，双链脱离缠绕，而维系单链的共价键不会断裂，所以每条单链还是完整的。这样就既完成了双链间的分裂，又保全了单链上的基因，使得接下来基因得以完整复制。正是氢键相对共价键的弱势存在，才有了这种基因复制的机制，才有了多细胞生物，才有了物种的繁衍和进化，最终有了人类这个超级强势的生命体。

涓涓细流，汇成大河，个体的力量虽然微小，汇聚起来却可以形成强大的力量。这种力量，我们姑且称之为微聚的力量。原子之万有引力和DNA分子之氢键的例子提示我们，还有这样更进一步的微聚方式，就是个体的主要力量并未用于汇聚，而是用来维系个体自身的完整性；个体的次要力量，次要到个体自身甚至无感的力量，却汇聚起来，成为构成强大机体的关键力量，成为机体创新的关键原力。这种力量，我们可以称之为微聚2.0的力量。

10. 隐信息的力量

关于基因的科学研究颇具戏剧性。我们刚发现"每个细胞具有的遗传信息，也就是基因，是完全一样的"，问题接着就来了，"既然一样，为什么会分化成不同的组织和器官呢？"于是，我们进一步解释："在从受精卵到胚胎的发育过程中，基因有一种按照时间和空间条件进行选择性表达的现象，从而形成了不同的细胞。"对于基因的选择性表达，我们又产生了一系列研究成果，并且开始有了积极的运用。就这样，关于基因的科学研究不断在进步，后者的发现补充前者的定义，使前者越来越完善。但是，如果翻译成另一套语言体系，用另一套逻辑语法来阐述这个关于基因认识进步的故事，却是另外一种视感。"每个细胞具有的遗传信息，也就是基因，是完全一样的"，这句话翻译一下，就是："每个细胞的秘密好比一本书，这本书全部写在基因上，每个细胞的基因一样，所以书是一样的。"而把"在从受精卵到胚胎的发育过程中，基因有一种按照时间和空间条件进行选择性表达的现象，从而形成了不同的细胞"这句话翻译一下，就是："每个细胞的秘密好比一本书，这本书使用的字库全部写在基因上，基因一样，所以字库一样，但是书可以完全不一样。"在逻辑上，后一句话和前一句话说的完全是不同范畴的事。一个戏剧性的脑筋急转弯！

为什么会出现脑筋急转弯？原因就在于基因的本质是信息，基因和环境的相互作用，本质上都是信息的交互，即基因发送信息给环境，环境发送信息给基因。然后，脑筋急转弯出现了：事实并不是这样简单！基因不是普通的信息，基因是密码，基因和环境的信息交互，很可能是这样的流程：基因信息是密码，密码是钥匙，这把钥匙打开了环境中的某个信息匣子，获得了丰富的信息。虽然获得了信息，站在基因一边的观察者却并不知道匣子里的信息是从哪里来的、它有没有和其他匣子相通，也不确定同样的钥匙能不能打开多个匣子。总之，我们以为很简单——打开匣子、取出信息，而实际上，打开的是一个内容按照某个隐藏的规律分布的盲盒。还有，更重要的是，我们看着钥匙打开匣子的时候，我们根本没有意识到该问一个问题，那就是"为什么这把钥匙和匣子的锁能够配对？"

　　为什么说具有戏剧性？因为这一类的脑筋急转弯，在信息的世界里是普遍存在的，但经常被我们选择性忽略了。就好像游客站在名画前欣赏了半天，为蒙娜丽莎的神秘美感震撼不已，却戏剧性地没有注意这画是画在什么质地的布上。

　　信息存在的意义是交互，从不参与交互的信息，是没有存在意义的。而任何信息的交互能成立，即信息发出方的信息能为信息接受方接受，那就说明双方具备了对信息解读方式的共识，或者具备了互相建立共识的机制。在计算机网络中，这种机制，就是双方预设的程序。在基因的信息世界里，基因的钥匙一旦能打开环境中的锁，就说明环境中预设了能识别基因信息的程序。

　　面对"环境盲盒"，我们知道将获得丰富的信息，却不知道是什么，因为我们幸运地拿在手中的信息是钥匙；以及当我们用钥匙幸运地打开了某个匣子的时候，我们却无奈地发现，这种幸运意味着我们和匣子之间存在着过去的约定或者说信息共识机制，对它们我们永远无法穷尽溯源：这些在我们拿到钥匙的瞬间就确定了存在的未知的信息，以及隐藏其后的信息共识机制，就是隐信息。

　　万物都是可用的，隐信息即使是未知的，我们也可以运用它。那些认为需要了解才能运用的观念，其实是一种有限的线性思维，是画地为牢。生活中有很多运用未知的例子，比如吓唬一个深夜哭闹不睡的小孩"再哭就有妖怪来把你抓走"，比如炒作一只冷门的股票"这个行业的未来不可限量"，就是对隐信息的运用。

我们可以不了解隐信息，但是我们要感知和运用它的力量。基因就是先行者。基因以其不可限量的创新力，发展出人这一万物之灵，就是不断激发隐信息的无限可能的结果。

第四章　一个观点：世界是长出来的

11. 历史是长出来的

历史不会重复，但是常常押韵。比如：在任何历史时期，国家都需要全体民众的参与以维持社会的运转，民众的参与方式除了交纳物资，还要提供义务劳动。在农业社会，前者主要是交纳粮食、布帛等实物，后者则主要以徭役、夫役等形式提供；在前工业社会，前者改为交纳金钱，后者则以公益服务形式提供；到了后工业社会和信息社会，前者增加了货币税等隐性上缴方式，后者则增加了消息转发、自媒体服务等形式。

　　这些历史的韵脚，并不是简单的巧合或者牵强附会的总结，而是规律。这些规律中，很多并不能找到合适的数学公式将它们表达为准确的公理，不过可以用一些精辟的语式一鳞半爪地展示出来，比如"当……因为成功而骄傲自大的时候，危机就如同天空的乌云，在……的身边聚集了起来"，或者，更简单的"因为是不等于等于，所以……"。当然，更多的历史著作、图册、课件、视频进一步向我们勾勒了它们的型，丰富了它们的码，使得历史的规律逐步显现得像基因的模型。历史的押韵，就像基因的复制；历史不会重复，则像是基因根据时空环境发生的选择性表达，或者更干脆的，发生了变异。

　　为什么会这样？因为历史是人创造的，人书写的，人观察并参与着的，而人自身，是基因的产物，是基因和自然空间互动产生的。所以，人创造和书写的历史，是人的基因和历史空间互动产生的。在和历史空间互动的过程中，人的基因进化出新的基因片段，那就是人的社会基因。历史的延展和历史的生命，就是人的社会基因的传播。

　　我们的语言和周围生活中的种种类同的现象，是内在的社会基因显现出的外部表现，如同生物基因在物种的外表上显示出类同的外部特征。从这些外部特征我们可以反向推理基因的存在状态。比如：现在的多媒体和虚拟现实技术，打造出完全虚构的偶像歌手，类似洛天依和初音未来等，拥有了庞大的粉丝。人们认为这是当代年轻人在现代网络轰炸、动画熏陶下形成的新性格，其实不是，这是人类古来就有的某个虚构基因在起作用。从人类诞生以来，我们虚构出了多少神仙和大圣，只不过当年是用笔绘用泥塑，今天是用计算机和3D MAX罢了。

用基因的观点看历史，历史就是人类物种在社会基因作用下长出来的。

12. 互联网是长出来的

互联网的历史不长，我们得以经历互联网迄今的整个发展历史，见证它是如何从无到有，如何从小变大，以及如何脱胎换骨的。

早先的互联网是纯粹的技术网络，那时候用得最多的词是"上网"；后来的互联网是数据网络，用得最多的词是"平台"；现在的互联网是社会网络，用得最多的词是"生态"。

今天，作为社会网络的互联网在改造社会传播方式上显示了令人发指的生产力。传统的表演，演员上台前要人工化装，费时费力，不是普通人能负担的。而现在的网络视频发布软件，直接换脸换装换声音，成本降低了百倍，时间节省了百倍，效果夸张了百倍，观众扩大了千万倍。

成为社会网络后，互联网上的技术和工程师逐渐隐没，成为给社会人赋能的技术后台。社会人的各种行为场景，被技术后台迅速翻译为程序代码，实现基因式的扩张。这样所导致的结果，就是社会创新层出不穷，互联网创造的社会价值远远超过了技术价值，网红的直播带货就是一个牛刀小试。今后，网红的直播还会走出演播室而走入日常的生活，粉丝们和网红买一样的东西，走一样的步伐，带着一样的表情，说着一样的俚语，幻想着一样的性格，而诸如品牌、厂家、广告只会留下一个个泰坦尼克式的漩涡。

这种变化，意味着互联网已经打破了生产力和生产关系之间的分野。通过用技术重新定义生产过程，互联网在直接提高生产力的同时，也直接重构了社会的组织，从而改变了生产关系，进而为新生产力的浮现提供了空间。我们称这种变化为"互联网+"的颠覆式创新。

互联网之所以能做到这点，是因为互联网从诞生的第一天起，就是基因化的。各种各样的网络拓扑图就是它的型；不断升级版本的协议集就是它的码；互联网的基本功能只有一个，就是信息的传递，也就是把信息从一处复制到另一处或者多处；互联网上层出不穷的应用创新，就好比基因变异，对这些应用创新的优胜劣汰，也与自然选择如此类似。从海选主角和剧情、广播式散发的网络电影的流行，到万人制作、层层链式投票转发的短视频的爆发，都证明了自然选择的优越性。

互联网的技术创新已经进入成熟期，社会创新则方兴未艾。现在的互联网与其说是网络，不如说是社会实验室，是社会创新的孵化器、加速器，是诱发社会基因突变的太空卫星舱更加贴切。比如互联网上到处涌现的各种各样的区块链，每一条链本质上都不是技术创造，而是一个社会实验。

互联网越长越大，带着基因的它正在用基因的方式重构社会，今后还可能通过物联网重构自然。在重构社会和自然的过程中，互联网也不断地变异着、丰富着自己的基因。未来的互联网将是基因网络，用得最多的词将是"建构"。

13. 宇宙是长出来的

宇宙是什么样的？宇宙是一个空间，空间中充斥着有形的物质和无形的能量。

宇宙空间的结构是什么样的？以前，我们认为的宇宙空间是一个三维的立体结构，是我们伸出双手，上下左右前后挥动着的所在。到了20世纪，狭义相对论把时间和空间统一了起来，宇宙空间加上了时间维度，变成了四维。更现代的理论认为宇宙有更多的维度，比如超弦理论认为宇宙有十一维。这虽然难以想象，也还无法用实验证明，却是有可能的。因为我们知道，一个永远在纸面上爬行的知识渊博的虫子，它认为的空间就是三维的，即二维平面的空间加上一维时间，而且不管这个面如何弯曲，虫子眼里的平面都是平的。虫子也不会知道1000千米的纸面距离如果折起来，空间距离可以为零，它只会感到爬到纸面某些地方的时候似乎要更加费力。同样，永远在四维空间里活动的我们，只要我们觉得在空间的某些位置有和在别的地方不同的感觉，那就很可能是因为空间中有超过四维的维度存在的缘故。

空间是连续的吗？多维空间者一直认为是的。不过，既然空间的维度可以是离散的、数字的，即第1

维、第2维、第3维……那空间本身的度量也完全可能是离散的、数字的。事实上，量子学派的理论物理研究已经认为时间和空间是存在最小分辨率的，时间划分到一定小的刻度，即普朗克时间10^{-43}秒，空间划分到一定小的尺度，即普朗克长度$1.616\,229\times10^{-35}$米，就无法再测量了。无法测量，意味着我们无法再有效地细分它的结构，只能以普朗克时间和普朗克长度的整数倍来定量观察、计算和构造任何空间系统。显然，这样的空间系统是离散的、数字的，是由1个普朗克时间和1个普朗克长度构造的最小空间的重复和组合，组合的方式可能是链式的、帧式的、栈式的、网格的、堆叠的，以及其他一切我们能想象的方式。

量子学派的理论物理的观点即使有它的局限性，也是非常重要的启示，那就是：不管宇宙空间是怎样的，即使它终究是连续的，在很长的一个时期内，我们只能用离散的模型才能有效地认识它，才能有效地构造我们需要的那一部分空间。

而按照细胞自动机学说的观点，宇宙根本上就是离散计算的产物。细胞自动机的理论模型认为：宇宙的时间、空间、状态都是离散的，它的复杂结构和行为，是某种空间单元按照某些规则演化而成的，研究宇宙的任务就是找到这些规则，把它们表述出来。1983年史蒂芬·沃尔夫勒姆提出的Rule 30就是其中最有名、最有趣，也是最简单的规则之一。用Rule 30规则计算的结果和织锦芋螺外壳的花纹极其相似，似乎织锦芋螺的生长就是按照这个规则进行的。Rule 30规则还可用于计算随机数，这又是一个有意思的事情，就是随机的不可预计的事情原来可以是一个简单明确的规则的产物。

宇宙是规则的产物，纷繁复杂的大自然只是简单的规则经过长时间的计算演化出的复杂外表而已……如果这么简单，那绝对是一个造物主就可以造出来了。然而，新的问题出现了，如果是一个造物主造出了这个世界，当他看到这个世界长得如此复杂时，会不会觉得失控了而要干预一下？如果他干预了，这干预属于规则内的吗？

为了解释这个问题，我们可以借鉴一下基因学说的观点。我们注意到细胞自动机学说和基因学说既是类似的，又有所不同。细胞自动机学说里，规则不变，空间单元演化；基因学说里，则是型不变，码在变化。两者最大的不同是：细胞自动机学说里，空间单元的演化是规则导致的，是在封闭空间内发生的变化；而基因学说里，码的变化是外部环境触发的，是在开放空间内发生的变化。和细胞自动机学说比较起来，基因学说是一个开放边界的学说，更有助于对处于复杂不可知环境中的事物的思考。

把量子学说、细胞自动机学说和基因学说结合起来，我们得出这样一些有趣的观点：①宇宙是长出来的，是由一个简单起点开始，按照简单规则演化成的。②宇宙的复杂现象和复杂问题，不管我们总结得多么深奥，它们产生的原点比我们想象的简单。③制造一个创造宇宙的机器，比制造宇宙本身简单得多。④宇宙的不可知，是因为创造宇宙的机器在运作时受到不可知的外部环境的影响而导致的。

第五章　一个假想：大规模集成社会

14.未来社会

人生活在社会里，社会属性是每个人的根本属性之一。人类历史的点滴进步都伴随着社会的进步，并导致人们必须面对和接触的社会规模的不断扩大。

10 000年前，一个氏族就是一个封闭社会，不超过几百人的规模；5000年前，一个部落联盟或者一个城邦国家就是一个封闭社会，规模大的从几十万人到上百万人；1000年前，不同的文明圈是相对封闭的社会，大约在几千万到1亿人，文明圈之间只有少量的往来；15世纪地理大发现后，人类社会逐步成为一个整体，扩展到几亿人的规模；现在，地球上约78亿人，已经被现代化的交通和通信网络打造成了一个"地球村"社会。在规模不断扩大的同时，社会的集成性不断提高，这是大规模社会能稳定存在的必要条件。社会的集成性越高，无疑意味着对个人的干预越多，个人对社会的依赖也越强。互联网和大数据的发展，把社会的集成度更不断地推向新高，乃至21世纪的今天，即使我们在影视中想象未来社会，也只能想象出一个更加集成的社会，例外只出现在生化危机和核战争之后。所以，大规模集成社会，这个简洁的定义，是对未来社会的合理假设。

社会是人类的一种最大型的组织，更小的各种形式的组织是社会的一部分。在大规模集成社会中，一个组织如果要成功，就得直面这个客观现实和必然趋势，掌握向大规模集成方向进化的主动。要掌握主动，最重要的就是要发展出与这客观现实和必然趋势相适应的组成机理。

组织有不同的组成机理。物理的机理是通过力的关系实现聚合，化学的机理是通过交互的关系实现融合，生物的机理是通过基因的关系实现链接。物理聚合的组织具有了和个体不同的新的结构，化学融合的组织具有了和个体不同的新的物质，生物链接的组织则具有了和个体不同的新的生命。三者并无优劣之分，甚至物理的、化学的机理因为简单直接的特点，长期是组织的首选。不过现在，网络改变了一切。在网络上，物理的、化学的机理依然重要，并且更加快速，能更快地从量变发展到质变；生物的机理则更进一步，它简单直接地朝着质变发挥作用，从而更加擅长发挥出网络的力量。可能是基因的信息本质，生物的机理似乎天生就是为网络而生的。可以这么比喻，如果说网络把物理的机理的作用放大了10倍，把化学的机理的作用放大了100倍，那么它则把生物的机理的作用放大了1000倍。

因为基因的刚柔相济和灵巧敏捷，所以发展了生物的机理的基因化的组织能更好地适应、驾驭、善用网络，并且成了力和交互的凝聚体。更重要的是，由于大部分组织在物理的和化学的机理上的积淀已经如此深厚，难分上下了，于是决定胜负的短板便落在了生物的机理的高低上。未来网络社会里，没有基因的组织，不善于运用网络作为基因构成介质的组织，是没有生命力的。成功的组织是既善于不断发展自己的基因，也善于用自己的基因改造社会的组织。

15. 自由的电子

大规模集成社会的主要特征是有条理、有秩序，这固然是美好的，但大规模集成的提法，总给人一点担心，就是这个社会会不会太拘束、没有自由？这种担心很自然，不过在理论上是有走出担心的路径的。对此，我们用大规模集成电路作为参照物探讨一下。

大规模集成电路（Large Scale Integrated circuit，缩写为LSI）是一种将大量晶体管等电子元件集合到单一芯片上的集成电路。20世纪70年代刚出现时，大规模集成电路在一个芯片上集合了1000个以上电子元件，之后迅速发展出超大规模集成电路（在一个芯片上集合电子元件10万个以上）、特大规模集成电路（在一个芯片上集合电子元件1000万个以上）、巨大规模集成电路（在一个芯片上集合电子元件10亿个以上）。

2020年5月，Nvidia公司发布的A100 GPU芯片，在826平方毫米，也就类似一个大号硬币的芯片面积上，集合了542亿个晶体管。更夸张的是Cerebras公司专为人工智能设计的巨型芯片，该公司2019年8月发布的WSE芯片，面积46 225平方毫米，大约一个餐盘大小，采用16 nm工艺，集合了1.2万亿个晶体管；2021年4月发布的WSE-2芯片，面积仍为46 225平方毫米，通过采用7 nm工艺，集合的晶体管数量升级到了2.6万亿个。

几百亿甚至上万亿个晶体管，按照统一的时钟同步运作，出现错误概率的设计指标值为零，显然是极其有条理和有秩序的。同样，这么多的晶体管在硅片上像细胞一样整齐排列，如此的密密麻麻，确实也容易诱发密集恐惧症。"太拥挤了"，人们会这样认为。但是，真的进入到量子力学描述的极致微观的空间里，我们会发现，那些在集成电路中快速运动着传递信息的电子，其实自由度是很大的。

这个自由度体现在：电子是如此之小，以至我们只知道电子具有粒子性，却根本无法测量到电子的体积。所以，芯片上的晶体管虽然小，给每个电子提供的空间相对电子本身仍是如此巨大，就好比给每一个人分配了一个地球的空间。而且，按照量子力学，每个电子的状态和位置都是不可预见和准确计算的，我们无法知道电子在某个时刻处在哪个具体的位置，只能估计它在某片区域出现的概率。甚至，所有电子的长相都一样，目前所有的研究都无法辨认出它们之间的区别。

也就是说，这种根本认不出来"是谁？从哪里来的？到哪里去了？"的自由电子，却按照严密的逻辑运转着大规模集成电路。每个个体的轨迹都不可描绘和预测，整体的轨迹却是清晰流畅的；每个个体的状态都是随机变化的，整体的状态却是稳定可靠的：这就是大规模集成电路的奇妙之处。当然，这里面有一个前提，就是个体的数量要足够多，越多则整体的轨迹越清晰流畅，整体的状态也越稳定可靠。

这种围绕大规模集成电路发生的物理现象，给我们分析社会的组织提供了一种启迪，那就是在逻辑上，大规模集成和自由之间可以不是对立的关系，甚至可以不是矛盾的关系。当然，人不是电子，社会也不是芯片，放到人与社会的互动场景下，应该会有更多样的实现方式，比如：放弃一小点空间，就可以实现社会宏观有序；奉献一小点时间，就可以帮助社会处处温暖；收敛一小点任性，就可以使得社会充满理解。其实，这就是一种微聚2.0的力量。

16. 大数定律

　　大数定律又称大数法则、伯努利大数定律，是伯努利于1713年提出的概率论学科的第一个极限定律。大数定律指出，随机事件重复出现的次数足够多后，会呈现一个稳定的、必然的概率分布规律；或者说，随机状态下，样本足够多的时候，统计平均值就是真实值。

　　在所有的数学定律中，大数定律是与社会宏观现象最直接相关的定律，它揭示了怎样从无规律的个体事件中找到宏观规律。今天几乎所有大规模的社会化平台，它们的行为都是运用大数定律进行组织和调度的，其中保险就是大数定律最典型和最成功的应用。根据大数定律，对于某类风险，只要同类风险的保险对象足够多，我们就可以构造一个稳定的数学模型来精确地计算损失发生的可能性和幅度，从而测算出相应的保险费率，使得保险公司收取的保险费在支付相应的管理费用后，足以支付保险对象即客户可能发生的风险损失。如果一个保险公司的同类风险的保险对象不够多，则通过保险公司之间的再保险，把多个保险公司的客户集合起来计算，从而保证数学模型的稳定。

在大规模集成社会里，大数定律更有了用武之地。互联网和大数据的发展，使得我们可以方便地获得大量的统计信息，大数定律成为随时随地，信手拈来，即刻可计算出结果的工具。物极必反，对大数定律的广泛使用，也带来巨大的风险。这风险就是，因为在绝大多数时间里我们使用大数定律没有问题，所以一旦有问题就很可能变成大问题。比如，如果形成了对大数定律的依赖，从而没有准备在大数定律失效时的后备救济手段，那当出现重大干扰情况，导致大数定律失效时，就会措手不及，造成事故蔓延。所以，在运用大数定律时，我们必须时刻谨慎地提醒自己防范大数定律的陷阱。现在的挑战，不是对大数定律的无知，而是对大数定律的迷信。

大数定律是很多问题的源头，根本原因就是大数定律作为理论值，永远与现实是有差距的。除了数学模型错误而导致计算的概率有了重大偏差，或者类似的技术能力的不足之外，大数定律的标准定义本身就存在三个逻辑陷阱。陷阱一，事件发生次数要无限多，根据大数定律计算的概率才完全符合现实结果，而这个无限多是永远不可能达到的。陷阱二，事件如果足够多，乃至接近无限多的时候，出乎意料的小概率事件就接近必然的在现实中出现了。比如，抛硬币的次数足够多的时候，就会出现抛出的硬币既不是正面也不是反面，而是竖着的情况。陷阱三，作为分析对象的事件必须是独立而随机的，而根据普遍联系的观点，任何事件之间都不可能完全独立而随机。互联网的高效联系导致人和事件之间发生了广泛的强关联，使得事件难以独立。大数据的出现帮助人们不断尝试对事件的预测，每一次预测都必然衍生一次干扰的尝试，越是准确的预测，干扰越大，使得事件不再随机。

为了化解风险，在运用大数定律的同时，要有一个与大数定律对冲的机制。基于基因的启发，把社会或组织进行微结构化，赋予每个微结构完整的基因的活力，把它打造成具有自适应能力的单元，成为防范风险扩散的逆止阀，是一种值得探讨的应对之道。

17. 基因式设计

人类在刚从树上下到地面开始直立行走的原始阶段，整天漫无目的地在草原上到处游荡。出于好学的天性，人类用那双多余出来的手，尝试着操作各种陌生的物体，这些物体就成了人们的工具。

在旧石器时代的早期，人们使用纯天然的物体作为工具，比如用树叶遮挡烈日，用树枝采掘块茎，用石块砸开贝壳等。后来，人们开始使用加工以后的物体作为工具，进而运用工具制造一些复杂的产品，比如运用燧石加工成石刃在贝壳上进行雕刻。为了满足一种生理或心理需求，我们需要制造出一种产品，为了制造这种产品，我们需要制造一套工具，这逐渐成了人的标准思维。

在古代，工具与产品的形态相比，产品的形态是复杂的，工具的形态则简单得多。比如，木工师傅能把原木加工成花样繁多的家私，但所用的工具就是锯子、刨子、斧子、钻子、墨斗等简单几样，这些工具都是手工人力操作，多数就是由工匠随身携带。那个时代是手工业时代，所有的从业者都是一样的工匠，只是有手艺高低之分。后来，到了使用水力和风力的工场手工业时代，以及使用蒸汽机和电动机的大工业年代，固然生产出来的产品越来越复杂，所使用的工具，也就是机器则变得更加复杂。从业者也因此有了分化，操作机器的叫作工人，安装机器的叫作工程师，制造机器的叫作发明家。

今天，所谓的后工业时代，当我们面对商店里琳琅满目的产品时，头脑中浮现的概念，是制造这些产品的工具，经常被叫作工业机床的，是非常复杂的，而制造机床的工具，经常被叫作工业母机的，则是比机床更加复杂和精密的。这真是理所当然的正确方式吗？为什么不能继续有手工业时代的那种方式，即用一些简单的工具，至少是便于理解的工具，去实现那些复杂的现代的产品？

比如，我们还不能设计出能让几十万人在太空居住的空间站，也就是太空城市，因为它太复杂了。那我们能不能制造出一个相对简单的机器，让它去设计这个空间站？"这当然是无聊的幻想，比坐井观天更无知，比守株待兔更愚钝，比刻舟求剑更装傻"，评论员会这么说。不过，如果这个机器的名字叫作"机器人"，这还是不是无聊的幻想呢？至少，应该算是有聊的幻想吧。进一步，如果我们用拟物的语法扩展一下机器的概念，也就是说，这个机器的名字就是"人"，这应该就不是幻想，而是每个科学家之父正在做的事了。

在显微镜下，人制造的机器，并不比自然提供给我们的树叶、树枝、石块复杂，只是站在使用者的视角看去，人在使用自己制造的机器的时候，所能运用的属性，比使用自然提供的树叶、树枝、石块要多罢了。这是因为人在发明制造机器的时候，把自己的知识和需要融入其中，所以人们能掌握和运用的属性比较多，而对于大自然给予的树叶、树枝、石块，我们束手无策，不能把自己的智慧倾注其中。与自然比起来，人知道的太少，人才会以为自己制造的机器比自然之物更复杂和更精密。

一切都源于自然，包括人和人的智慧。仿生学是典型的向自然学习的学问，我们向蚊子学习造飞机，向海豚学习造潜艇。如果把仿生学更进一步，把自然生命和人类社会联系起来，把人和自然统一起来，我们会发展一些更有趣的构想，进而实现"制造或者获得制造机器的机器，可以比制造机器简单"的有聊的幻想！比如，制造一个简单的细胞，给细胞赋以基因的内涵，包括并不限于基因的型和码，让基因通过细胞分裂迭代繁殖，长成我们需要的复杂的群落、组织，或者生态，这就是基因式的系统工程。

如果人们要尝试一下基因式的系统工程，那应该给第一个细胞赋以什么基因呢？显然，解答这个系统的初始化问题，只能以目标导向开展逆向工程，就是从我们需要的目标倒推出需要的开始。比如，按照宇宙大爆炸理论，宇宙是一个奇点在140亿年前大爆炸后，按照某种定律膨胀而来的，换一种基因式的表述，就是140亿年前的一个原始细胞在某种基因作用下长出来的。于是，我们可以从140亿年后我们观察到的宇宙进行倒推，计算出原始细胞的基因，构造出这个细胞，然后从这个细胞长出新的宇宙。同样，我们想造就什么样的组织，我们就要如此倒推出应该给第一个细胞注入什么样的基因。在这个基因的作用下，形成相对独立而完整的细胞，然后层层链接，长成为不同构造的组织。这就是基因式设计，就是面向宏观目标进行微观建构，然后通过进化逐渐逼近宏观的目标形态。

当然，任何的逆向工程都会有误差，尤其当我们仅仅根据对未来的想象倒推现在的时候，更会造成系统初始化的缺陷。这恰恰能体现基因式的系统工程的优点，它可以通过与时空环境适应的代间变异，通过后代细胞每一个基因的新的初始化来不断自适应地修复缺陷，这才是真正的进化！

下篇　行必求简——以数字政府为例

第六章　知行之间

18. 知和行的分工

关于什么是知、什么是行的问题，比较容易有答案，比如这些：知是关于要做什么、怎么做的学习、斟酌和决策，行则是去做；知是一个通过思考形成想法的过程，行则是根据想法去行动，行动中又伴随着思考，思考中形成与现实匹配的具体办法；等等。知行要结合，这也毫无疑问是"十分妥当"的。在这些毫无疑问的答案中，我们其实忽略了一个重要问题：为什么知行首先是要分开的？直截了当地一起开始、齐头并进，边知边行、边行边知，相得益彰、水乳交融，不好吗？

知行的分开是必要的，它是一种劳动的分工。

分工无处不在。比如，科学家把钱变成知识，工程师把知识变成钱，这是行业分工。科学家和工程师也要合作，两个角色在某些能人身上也可以合二为一，但是随着社会的发展，这种分工还是越来越清晰。为什么会这样？因为只有分工才能让不同专长的人干专业的事，让不同特点的人有专注的发展，各施所长，各尽所能，创造最大的价值。同时，分工又为在更高的层次上的配合、结合、融合提供了螺旋式上升发展的可能。

知行的分开，是思维劳动的分工。

知不厌繁，一切为了博，只有看到了整个的森林，才不会为眼前一棵棵不同的树而眼花缭乱；行必求简，必须有条不紊，只有盯着眼前的这一棵树，专心致志地系好拉绳，心无旁骛地挥动斧头，才能安全伐木而不伤及自身。

知无止境，它是开放的，唯恐封闭，直到进入不确定的概率空间；行要坚定，它是具体的，唯恐不专注，为此不惜采用纪律约束，因为行动中因摇摆导致的浪费，往往比选择不是最优而造成的机会成本更大。

总之，知有多发散，行就得多收敛，反之亦然。知和行是双子星，在辩证统一中保持距离。两者如同硬币的两面，翻来覆去在两个场景中切换，却不能混淆。

只有先把知和行分开，使它们相互之间泾渭分明，然后再谈知行合一，这个"合"才不会是混沌不明的，而是相互促进着、无限发展着的朝气蓬勃的运动。

19. 为了效率的忘记

知从行中来。行就是实践，直接经验直接来自实践，间接经验来自对实践的思考。不过，从行中来的知，也容易陷入对行的依赖，包括对行的路径、方法、模式的依赖，这种依赖有时会成为习惯偏好、性格特征、道德文化，乃至社会规范，从而固化下来。实践永远是有限的，一旦陷入对行的依赖，就将导致知的有限。这种有限积累到一定程度，就是缺陷。所以，知不能只从行中来，知也需要直接从知中来。

行从知中来。不过现实情况永远在千变万化，行中每时每刻都在扩大着与未知环境的接触，到处都是隐信息，唯一能预知的就是意外随时可能出现，我们要随时准备应变。如果行都从知中来，会出现计划赶不上变化的情况，导致反应迟缓、行动失调、效率低下，既不能化解意外的危险，也不能捕捉意外的机遇，最后都导致落伍甚至失败。所以，行不能只从知中来，行也需要直接从行中来。

"知从行中来，又不能只从行中来，也要从知中来；行从知中来，又不能只从知中来，也要从行中来"，一个完美的课堂教案，却不能解决任何实际问题！为了解决实际问题，我们需要对知和行进行长期的训练。

对知的训练，就是在博闻强记的基础上，学习掌握包括分解剖析、综合归纳、演绎推理、融会贯通在内的思考能力。对知的训练要达到什么程度？就是既善于知道一切，又善于忘记一切细节。课堂就是这样一个对知进行训练的场所。由于课堂脱离了实际环境，所以课堂上教学生的是如何分析、理解和定义我们眼前的问题，却教不了学生如何解决眼前的问题。即便如此，这个脱离实际环境的课堂，的确又是必要的、合理的存在，因为只有脱离了实际环境，才能训练出不被有限的实践所限制的知。也可以这么说：课堂的作用本来就是培养人，而不是解决问题。

对行的训练，无他，就是不断地遭遇问题和解决问题，当然也是一个自觉自省的过程。对行的训练要达到什么程度？就是要能够根据变化、发展、形势随时而动，跑出比风险、挑战以及竞争者更快的速度，而且事后总结起来，这随时而动的做法还能和深思熟虑后的抉择一样。这就要求，一方面，要形成"肌肉记忆"和"神经末梢思考"的能力，确保行中有思考，另一方面，更难的是，要形成忘记的能力，忘记所知，置知于无形，从而放下知的包袱，确保效率。对于行来说，知就好比战士长途跋涉背负的被包、携带的军粮，战斗前必须把它们放下，只带上它们曾给予身体的体温和能量，轻装上阵。这种对知的忘记，和组织遗忘有相似的地方，只是更彻底地面向行的场景，它追求的不是知识更替，也不是结构优化，而是效率提升，从而更快速地激发面向实践的创新和再创新。它希望的是即使身处巅峰，也能进行层出不穷的重新想象与重新发明，就好像刚被E-mail推向全世界的互联网，迅速地被Web重新发明了一次，又迅速地被P2P重新发明了一次，现在可能被区块链再发明一次。

20. 行的解码

知和行的本质都是思考。知是思考，容易理解；行成于思，也是思考。

俗话说：走路不看景，看景不走路。同时做两件事，可能会造成手足失措，导致"扁担没扎，两头打塌"的后果。既然知和行的本质都是思考，是一样的，那如何避免在思考中导致两者混淆呢？尤其是组织内不同人的思考和互相之间思考的传递中，这混淆似乎是不可避免，甚至是自然而然的！避免这种混淆的关键，是知和行采用不同的语言。知用知的语言，它是抽象的、想象的，唯恐太具体，甚至可以飘忽到可以不像语言，最后却要回到条理；行用行的语言，它是具体的、客观的，唯恐太抽象，最好生硬得没有任何人文修饰，努力避免一切曲解。比如描述一栋大楼，知会这么说："好漂亮的一栋楼，如鹤立鸡群一般耸立在路旁，下面是人流熙攘的商店，上面是宽敞明亮的住宅，外墙像水刚洗过一样崭新，听说是最近几年新建的，果然硬核，就不知道真住进去感觉如何，改天找机会再来仔细看看。"而行要这么说："一栋楼，距马路20米，25层。1到3层每层约1500平方米，1层卖衣服，2层卖百货，3层卖家电；4层以上每层约1200平方米，2个电梯间，每个电梯间2梯5户，户型不一。另有地下停车场2层，车位数量不详，楼龄待查。"这样当知和行见面的时候，就好像粤语中的"鸡同鸭讲眼碌碌"，确保不会发生混淆。

知和行的语言还要有进一步的不同。知的语言应该是发散的，它的语法和词汇不断被丰富，最后形成

一套完整的，所有知的人都一样掌握、有普遍共识的
语言；而行的语言应该是收敛的，按照执行的环节不
同，语言和词汇不断定向地标准化，直到每个岗位都
使用特定的语言。可以这样概括：知的语言使用一套
统一的编码，这套编码要通用而全面；行的语言则根
据环节不同，使用不同的编码，每套编码有它的特定
用途，都必须简洁而标准。

所以，在行之初，首先要做的事是要把知的语
言变成行的语言，然后才是起而行之；而在行的过程
中，每个执行环节首先要做的事则是把收到的指令编
码转变为自己环节的编码。前者叫翻译，后者叫解
码。如果对指令不用翻译不用解码，那叫作传令；只
有对指令要进行翻译或进行解码，那才是执行。

比如建设一栋大楼。知的语言是：这里要是有一
栋商住楼就好了。行的语言则是这样翻译和解码的：
环节A，在这里设计建设一栋商住楼；环节B，地下2
层做停车场，地上1—3层做商店，4—25层做住宅；
环节C，钢筋混凝土结构，地基打30米；环节D，造价
5000万元，工期6个月，办理报建审批手续另外需要
100个工作日；等等。

行的环环解码，和网络化管理提倡的扁平化指挥

是相辅相成的。扁平化的指挥不等于扁平化的执行，而是扁平化的信息传递。比如环节D的个体虽然可以直接无损地收到前面所有环节的指令，但是它应该按照环节C传来的指令执行，不过由于它知道前面环节的指令，所以它对环节C传来的指令可以更准确地解码，这样既提高了解码的效率，又减少了环节C的负荷，还可以对照环节A、B的指令进行纠错。

知是行动的语言，行是语言的行动。行中的思考，首先是为了正确地解码。

第七章　数字政府的基因式设计

行直接面对千变万化的世界，要深入探讨行，就必须设定一个场景。这个场景可以很大，却必须具体，否则就如天狗食月——无从下口。本章以数字政府为场景，对数字政府建设的组织管理，做一些提纲挈领的面上探讨，目的是形成一个基因式设计的范例。

21. 战略管理：T²SIR 方程式

（1）任务（Task）和目标（Target）

任务和目标既是密切相关的，又是不同的。在执行的沟通中，我们会发现一个有意思的现象，就是大家对任务和目标的相关往往不会产生异议，可是对哪些是任务、哪些是目标却经常产生争论和误解。比如：上级给下级分配任务时，是不是也应该给下级明确目标；一个目标是不是应该派生出几个任务，一个任务是不是可以设置多个目标。这些争论和误解会造成很大的内耗。

为了避免争论和误解，有必要对这里所讨论的任务和目标做一个定义区分，那就是：在本节，所说的任务特指对上接受的任务，所说的目标特指自己设定的目标，即任务是上一级输出给下一级的指令，而目标是自己输出给自己的指令。每个执行环节接收任务，确定自己的目标，再形成任务分配给下一个执行环节。

任务是必须完成的。为了完成任务，首先要理解任务，为了便于理解，下达任务要尽量简单、清楚。目标则往往比任务复杂。它是一个体系，除了根据任务需要确定的不同阶段、不同层次目标外，还包括任务之外自己主动增加的目标，比如为下一次可能的任务打下必要的基础就是其一。

对数字政府的任务和目标的分析，可以分解细化为理解任务、分析场景、形成目标、创造价值四个交叉进行的步骤。

◆理解任务

数字政府是一个复杂的系统工程，它的任务当然不可能简单到一言以概，除了具体的某个点上的要求，还有更多是线上的、面上的、综合的要求。一般有这两大类任务：一类是对标性任务。比如对照某个指标体系或者考核清单进行对标，确保完成或者达到优秀；对照某个先进典型，要求全面赶上、局部超越；等等。另一类是政策导向性任务。比如通过移动互联网实现多级、无差别、全面覆盖；通过数据拉通和信用驱动实现一网通办、零跑动；通过主题式服务实现营商政策集中精准的供给；等等。

这样林林总总罗列出来，通过思维导图等工具的辅助，把它们梳理出大概层次，就可以进入下一步了。不要恋战，不要奢望一次完成，这是一个在迭代中不断深化理解的过程。

◆分析场景

分析场景，就是设身处地地想象当事人或者说对象的各种感受。这就需要把对象归类，换位思考，进行角色模拟乃至仿真，围绕体验进行需求分析，找到问题，把准痛点。

不可能有足够的成本对每一个对象进行分析，所以要把对象分类，把每一类对象作为一个集合进行分析。以前比较流行的是分成企业（Business）、消费者（Customer）和政府（Government）三类。这个分类很好，却也太粗糙，有必要从更多维度进一步加以细分。比如：决策者、管理者、办事人员、申办者、监督者，大中型企业、小微型企业、个体工商户、个人、第三方机构，工作人员、研究人员、建设人员、运维人员、公众、媒体、竞争者、批评者，学生、老人、小孩、失业者、残疾人、弱势群体，等等。可以定这样一个未必合理，不过很必要的标准，即要求自己必须把集合罗列到100个以上，才叫作细分。

对每一个集合的对象要分析到这样的深度：他想到数字政府的时候，脑海中浮现的什么形象？有什么心理活动？希望数字政府以什么形态存在，或者不存在？他通过电脑、手机、自助机、各种终端访问数字政府的时候，想看到什么？要办什么？希望解决什么问题和得到什么帮助？第一次使用时，感觉简便吗？有没有新鲜感推动他去学习一些不得不学习的操作？熟悉以后有没有快捷操作？快捷操作会不会快捷过头，而忽视了接收最新的通知？

分析场景的时候，切忌和分析功能混淆。两者最本质的不同是：人是场景的主人，而功能的主体是机器。

◆形成目标

前面讨论的理解任务和分析场景主要是分解的过程，而形成目标则是归纳的过程。归纳的最高境界当然是归于一孔，不过在具体分析中基本不可能做到，只能将之作为努力的一个方向。

目标的确定，不能过高，也不能太低，既不可好高骛远，也不可小富即安。比较常用的方法是分阶段把目标细分，比如分为近期目标、中期目标、远期目标。不过在实践中，光有阶段区分是不够的。在一个时间阶段内，会同时存在很多可能性，面对它们，我们既要保持定力，也要顺势而为，时势来了，固守既定目标也是不对的。所以，还应该有不同层次的目标，比如：

初级目标：在年度考核中全面达标，关键指标领先，主要业务有经过实践检验的、不可逆的、可持续改进的体验，安全稳定方面的风险全部处于可控水平。

中级目标：解决或者有效缓解了人们普遍关注的痛点问题，大大提升了服务对象的工作效率和生活质量，有可量化的巨大社会效益和经济效益，没有出现隐性风险和沉没成本，各群体都充分受益、普遍认可并给予高度的评价。

高级目标：构成现代化的强大而灵活的治理体系和治理能力，社会获得全面扎实的获得感、幸福感、安全感，能经受技术更新换代和互联网颠覆式创新的挑战，也为迎接未来的、未知范围的、未知程度的各种挑战打下了充分的基础。

除此之外，还可以进一步按领域的不同对目标进行细分。

到这里，我们会懊恼地发现，本来是归纳出目标的过程，一不小心又变成了对目标分解的过程。这种不小心和懊恼，过去、现在和未来都将反复出现，无法逃避，因为归纳和分解本来就是伴生的。这也是必要的，就好比在考场上，当你用归纳法解出一道题后，在检查时你需要反过来用分解法倒推一遍，不这样你就不能确保满分。在反复地归纳和分解后，如何用正确的姿势回到归纳的本意？没有任何标准答案，只有走出课堂多加磨炼，因为这其实就是在辩证中如何把握度的问题，它是关于辩证的最重要、最本质的问题，是一个只能在实践中锻炼出的能力。

◆创造价值

形成目标是归纳的过程，创造价值则是提升的过程。

创造价值就是要真正地做大蛋糕。很多热热闹闹的项目，取得的是短平快的成果，其中固然有价值创造，更多的还是价值的流动。价值的流动带来利益的再分配，把财富从低竞争力的领域转移到高竞争力的领域，毫无疑问会带来阶段性的进步，但是这个进步太诱人了，又太晦涩了，所以太相对了，太容易被演绎了，不应成为主流。在数字政府建设中，有必要把创造价值单列出来讨论，让大家能够更多关注到这点，避免把价值流动和价值创造混淆。

关于价值创造的衡量是复杂的，简单如赚钱发工资，复杂如灵魂的升华。对于数字政府来说，价值创造包括在效果、效应、效率、效益等四个方面带来的改进和提升。

效果和效应是一对，它们主要指外在能够感知的价值，是比较容易看得见、摸得着、听得懂、数得出的进步。效果是有形的，对政策响应和完成任务的情况、改善民生的具体程度、在考评对比中的先进位置等等，都属于效果，它可以通过分数、指数和排名进行量化和数字化。效应更多是无形的，通俗地说，效应就是口碑的好坏，就是品牌的影响力大小。效应好，除了要有效果作为基础，还要有责任、观念、文化，以及形象、口号和传播。效应和效果会相互转化，效果好坏对效应会有加分或者减分，效应好坏会直接影响效果的发挥。效果和效应有些时候又是矛盾的，比如：一些效果本来很好的事物，会因为要改变人们的日常习惯而遭到公众的诟病；有的口碑一时不错的事物，其实经不起时间的检验，到后来的效果并不好，可这个时候已经超出了群体记忆的有效期了。

效率和效益是另一对，它们主要是内在价值的提升和外溢，是通过理性的综合计算才能客观评判盈亏的创造。效率是用尽可能少的资源获得尽可能多的产出，这里的资源包括时间、人力、物力、资金等。互联网时代，最重要的资源是时间，效率高度仰赖于追求速度的文化。效益则是实实在在的产出，是综合算账的结果。有了效益就会形成一个共同体，才会形成不可以回退的稳固的成果。由于数字政府建设往往是先立后破，即立的时候是重复建设，破的时候效益才体现出来，所以对数字政府的效益，要算大账，算长期账。效率和效益相比较而言，效率是短期，效益看长期，效率是微观的思量，效益是宏观的思量。效率高，不一定效益好，片面追求效率会导致对政策的快速消费，以及投机性地把成本转嫁给社会。为了效益，效率不一定非要持续飙高，有时候细水长流可能更好。

效果、效应、效率、效益，每一个词在学科上都有详细的定义。经济学上的定义是：效果是做正确的事情，效应是做喜欢的事情，效率是勤快地做事情，效益是节约地做事情。管理学上的定义是：效果是更多，效应是更美，效率是更快，效益是更优。这些定义并不是正交的，所以在运用这些定义构建思维空间，进行精准思考的时候，很容易陷入茫然。在实践中，需要针对特定的场景，把四个词反复对比，先分后合，再分再合，反复尝试，直到觉得思维有了立体的感觉，然后按照这种感觉做出符合场景的定义就好。

（2）系统（System）工程

系统工程是实现一个想法的过程。系统，就是要贯穿系统性的思维和方法；工程，就是要做出实物。

系统工程永远有两个范畴的含义。一个范畴是内向的，即自身是一个系统，系统工程是对系统自身做划分，细分为子系统、模块，实现它们，确保它们之间的协调运作。另一个范畴是外展的，即自身处于一个更大的复杂巨系统中，是它的子系统，系统工程是处理好自身和复杂巨系统，以及和复杂巨系统的其他子系统之间的关系，确保相互之间的协调运作。本节中，对每一个点的讨论，都可以二分为这两个范畴进行分别诠释，为了避免啰唆，就在此一并申明，具体到每个点就不再逐个二分诠释了。

◆总体设计

① 结构设计：输出技术拓扑

数字政府的发展，首先源于信息化领域的技术进步，更广义的可以说得益于信息化带来的生产力的进步，这是最基础的条件和最显著的特征。没有其他更多的条件，只要还有技术的进步，数字政府就会进步；没有技术的进步，其他条件无论多么充分，也不会是数字政府。

对技术的运用要讲科学，要有科学的结构设计，形成恰当的技术架构。一个技术架构，就是一个蓝图。作为技术协同的基础，它不能停留在某个人的脑海里，而必须画出来，要表达清楚。为了表达清楚，技术架构就必须有逻辑，所以技术架构同时也是逻辑结构，是一系列技术逻辑的拓扑表达。表达的展开一般有一个逻辑主线，在这点上，不同学科是不同的。数字政府技术架构的展开，可以用数学逻辑，也可以用物理逻辑、化学逻辑，或者结合起来用。不过，因为数字政府建设中最主要的技术工作是软件开发，所以最常用的还是软件的逻辑，包括：软件功能逻辑，即用于定义交互方式的面向用户的逻辑；软件通信逻辑，即用于定义消息传递的面向互联的逻辑。

——对于面向用户的逻辑，推荐使用三段式表达，三段分别针对前端、中端、后端。比如这样的语式："我们的数字政府，您接触的前端是……的，所以是很方便的；前端是中端系统的使用界面，中端系统包括……它们按专业分工协同运作，是井井有条的；前端和中端的后面有一个后端做支撑，它分为……作为基础设施，它是很强大的，所以是值得信赖的。"

前端包括用户接触的各种各样的终端。要特别注意的是，数字政府的终端是全面覆盖、全民使用、全事务办理的公共产品，绝对不能片面追求新颖和先进，应该是多样化的各种方式的软硬件的有机结合。而且这多样化还必须为使用者设身处地进行人性化设计，适当支持个性化，不能引起理解和选择的障碍。当前，数字政府终端方式主要有：手机（App、小程序、公众号）、计算机、大屏幕、专用手持终端、一体机、电话热线、办事大厅柜台等等。前端要面向服务对象实现整合复用，否则，一会给服务对象带来安装、学习方面的诸多不便，二会造成高昂的维护成本和高企的故障率，三会导致低下的质量口碑，这些对数字政府的品牌将是极大的损害。

中端包括各种管理信息系统。当前，数字政府的管理信息系统，它的应用软件部分主要还是分行业、分部门开发部署，但应该有相同的技术路线、数据总线、功能封装，应该是统一标准约束下的不同功能模块。有一种比较特殊的管理信息系统，就是指挥调度系统，它是所有管理信息系统的根，其他管理信息系统由它派生，与它互联，向它汇聚。

后端是各种各样的网络、安全、存储、数据

库、运输系统的集合。数字政府的后端包括网络和通信（包括高速骨干网、本地网、专用网、移动接入网）、云设施和数据中心、基础数据库、身份认证、支付和移动支付、邮递和物流等等。数字政府的后端必须集约化，否则一切的共享、协同、一体化都将是沙上之塔，不可持续。

——对于面向互联的逻辑，受国际标准化组织（ISO）1984年发布的开放式系统互联通信参考模型（Open System Interconnection Reference Model，缩写为OSI）的引导，推荐采用分层的叙述方式。OSI定义了包括物理层、数据链路层、网络层、传输层、会话层、表示层、应用层等七层的参考模型，TCP/IP协议把它简化成了物理层、数据链路层、网络层、传输层、应用层等五层。借鉴这两者，可以把数字政府定义为六层，即基础通信层、网络传输层、云计算层、数据资源层、身份认证和信用管理层、应用服务层。分成这样六层，既兼顾了技术的分工和项目的组织，又比较好理解和表述，有利于不同知识背景的人之间的沟通。

不管用什么样的技术架构，都要注重整体的同步、协同和开放。

同步，主要指设计、建设、运维、安全的组织要同步。比如建设的时候，人员培训就要同步开展，否则就会面临有车没司机的尴尬；比如试运行的同时，安全的保障措施就要同步跟上，不然就会有威胁早早潜伏；比如从第一张设计蓝图开始，就要同步考虑运维体系，没有被建设的一次性成本难住的系统，只有被长期的运维成本拖垮的系统；等等。

协同，主要指线上、线下的协同。有一种简单观点，认为数字政府的技术含量主要存在于线上，包括IT技术和数据分析技术等等。数字政府建设中的IT技术人员和数据分析师也往往认为自己是火车头，带着线下发展。其实，数字政府线下的技术含量一点都不比线上少。不说别的，政务事项的编目分类和合并简化、服务大厅的卡位布局，甚至办事指南的精确用语，要做到真正好，都是需要非常专业的技术的，而且重要性丝毫不亚于软件和数据库开发。事实上，如果线下能做到足够好，线上的存在理由至少会少一半；或者说，如果线下能做到足够好，线上的压力至少能减一半，从而能腾出更多精力去做更有创造性的事情。线上线下之间，是相互支撑、互相补充的关系，两者各有侧重又相得益彰，片面的线上狂奔是绝对不可取的。

开放，主要是平台性系统要公平地允许别的系统的接入。有关的接口应该是公开、公有、公共的标准，平台自身应该带头遵守。开放是需要付出代价的，所以，企业往往会采取一种自私的做法，就是鼓动别人开放，而自己却悄悄地封闭。数字政府则不能这样，因为数字政府是公共设施、基础设施，除了特殊的防护区，它必须设计开放的通用的技术、规范、接口，虽然这样可能会增加自身一次性的建设成本，但是能最大程度地降低全社会的整体成本。

② 流程设计：输出业务逻辑

在常识性思考中，我们一般会认为结构是静态的，它的动态变化虽然存在，但更像是一帧一帧的静态结构的组合。运动的结构会造成理解上的困难，只有少数人能驾驭，这对分布式智能的组织会造成分布式的思维负担。可是，系统毕竟是运动的，它在基于业务逻辑的运作过程中是动态变化的，对此，我们通过另外使用流程这个概念，区别于结构来描述它们，从而减少理解上的困难。

流程设计，就是对系统运动所基于的业务逻辑的描述。针对流程设计，有很多的计算机辅助工具，实事求是地说，在数字政府领域，它们都不是很有用。
在数字政府领域，流程设计主要还是靠训练有素的人
手工进行，这就需要大量的人力成本的投入。虽然这
是一个极其重要的事情，可以"不惜一切代价"，
但是也需要讲科学。数字政府的流程符合二八分布定
律，即在所有的流程中，只有20%的流程是关键的，有
80%的流程不是关键的，这80%的流程其实是20%的关
键流程的不同组合，甚至只是个人出于习惯爱好而设
置的冗余弯路。流程设计的关键，就是努力找出这20%
的关键流程，用80%的篇幅对它们的业务逻辑进行描
述，用80%的思考进行优化，用80%的成本进行开发。

③ 数据设计：输出数据逻辑

从计算机软件诞生的第一天起，数据就是很重
要的，软件的主要功能就是对数据进行处理。数据从
哪个子程序输入，输出给哪个子程序，用什么格式存
储，如何排序、索引、检索，等等，这些问题耗尽了
每一个程序员的耐心，可是大部分故障还是发生在这
些地方。后来，出现了数据库管理信息系统，很多软
件的设计开发变成了围绕数据库进行的进库出库的操
作。到了大数据时代，我们意识到数据的重要，有时
候，比如指挥决策的某些阶段，中心任务就是掌握数

据，反而可以不关心流程。我们也意识到，有些数据目前似乎没有什么用，但是保留下来，积累多了，会发掘出重要的用途。

这些对数据重要性的认识，都是基于这样的观念，即数据是用的。我们花大量的成本去获得和处理数据，是因为数据有用，脱离用途，就数据论数据会陷入对数据的盲目崇拜，造成数据垃圾。这个观念是对的，却也容易变成一种观念约束。就好比，我们都知道金钱是有用的，脱离用途，就金钱论金钱会陷入对金钱的盲目崇拜，是有害的。可事实上，按照分工，在很多的场合，我们确实就是应该就金钱论金钱，如果不断地沟通金钱是什么用途的，就会造成沟通的低效，甚至误入歧途。假设你在和雇主谈薪酬的时候，他不断地问你领到工资你准备买什么，除了让你警惕，认为他是想压低你的期望值，不会有什么积极的沟通作用。

有一个类似的逻辑现象，就是对人才的重视。我们为了说明人才的重要，会这么说：一个工厂能不能好，厂长很重要，一定程度上是最重要的，一个重要的工厂一定要找一个好厂长。这种观点其实局限了对人才重要性的认识。如果人才重要，应该这么说：一个工厂能不能好，厂长是很重要的，厂长如此重要，如果有一个好厂长，就应该给他一个重要的工厂，让他当厂长。

自从人类进入网络时代，大家就具备了信息高速公路思维，即网络是公路、软件是车辆、数据是货物，公路和车辆的作用就是运输货物，所以货物是最重要的。这种信息高速公路思维其实弱化了货物的重要性，因为从组织的系统的角度考虑，高速公路的基础是公路，载体是车辆，而货物不是组织的系统的基础，所以并不是关键。我们要从高速公路思维的观念中跳出来，补充以江河的思维，即网络是江堤河岸、数据是水流、软件是船，所以网络是基础、数据是关键、软件是载体。这样更替一下观念，将极大地解放数字政府的生产力。

观念要适当超前于行动，适当超脱于事实。如果做不到这点，我们就有可能在行动中走回头路，不自觉地又把数据作为流程中的附庸。所以，在数字政府的总体设计中，有必要把数据设计从流程设计中独立出来，脱离业务逻辑的束缚，形成单独的数据逻辑。

④ 角色设计：输出责权分工

数字政府是一个人机交互系统。不同的人从不同的角度参与到系统建设、运行的不同阶段，扮演不同的角色。分工不同，责任和义务不同，权利和利益也不同，这些在很大程度上不是天然形成的，是设计出来的。比如在系统建设阶段，咨询设计方、系统集成商和监理方的分工，纯粹就是管理制度的要求，是根据科学管理的需要设计出来的。

即使是天生的角色，比如普通的个人用户，在系统中的分工、责任义务、权利利益也是需要设计的。"设计是需求导向的，设计就是为了满足用户需求，所以，从根本上来说，设计不是独立于需求的存在，不宜拔高设计的作用"，也许有人会这么说。不过，面对规划建设中的数字政府，一个用户知道自己的具体需求吗？如果询问一个个人用户的需求是什么，他的回答往往只能是期望，而不是具体的需求。即使某个用户知道自己的需求，他也只能准确地描述过去的和现在的需求，而不是面向未来的需求。

未来的需求是需要想象的，是想象带领下设计出来的。用户的未来需求是能够被设计出来，并在客观世界中实现的那部分期望，而这些期望还不断地被已经实现的那一部分改变着。比如，用户现在的需求如果是这样的，"早上起床，正刷微信和今日头条，屏幕弹出了政务App发来的天气提示：'今天小雨，交通情况不佳，上班请提前出门'"，那么，用户未来的需求可能是这样的，"早上起床，正刷微信和今日头条，屏幕弹出政务App发来的天气提示：'今天小雨，交通情况不佳，如果愿意到附近的路口做义务交通疏导员，您的信用积分可以增加10分'"。

用户对数字政府的最大需求是参与改变，这参与改变的方式，在改变中能扮演什么角色，自己事先是不知道的，是设计出来的。

◆总体安全设计

在总体设计中，本来就应该包括总体安全设计。不过，在当前网络环境日益复杂、安全威胁日益严峻、风险防范日益重要的网络安全态势下，应该把总体安全设计与总体设计并重考虑。由于两者之间是矛盾的统一的关系，需要不同的设计思路，所以就好比会计和出纳要分设为两个岗位一样，负责总体安全设计者和负责总体设计者，应该由不同的团队人员负责，在这之上，再设置一个协调、统筹的机制。

总体安全设计包括对安全技术、安全组织、安全管理和应急处置等部分的设计，它们又相互组合而形成新的更多部分，共同构成一个严密完整的安全体系。

安全技术部分：包括网络边界的防护、隔离、隔断，防病毒，防攻击，防篡改，内容访问控制，加密，身份认证，日志，备份和灾难恢复，等等。

安全组织部分：包括安全体制、机构和运作，岗位设置和人员要求，机构和人员之间的监督、制约、补充机制，等等。

安全管理部分：包括管理制度和制度文档管理，论证、发布、培训、执行、检讨、问责、改进机制，等等。

应急处置部分：包括发生各种安全事件时，应急的组织和处置的流程。基本要求有：一是要快，不可有须臾拖延；二是要周密，防止次生灾害；三是留有后手，对患中之患、患后之患保有预案。更高要求是要做到举一反三，把坏事变成好事，这一点犹如塞翁失马，在实践中特别有意义。虽然没有专门的公式证明，也不排除有一定的偶然巧合，但现实中，确实很多小问题的出现恰恰是对大隐患的提醒。

◆关键业务的"从新"设计

数字政府，或者以前常说的电子政府、电子政务、政务信息化，都是相关业务的信息化，是或狭义或广义的政务业务的电子化、数字化、网络化。

一开始，我们把业务数据录入计算机里进行存储、关联、统计、制表，业务合作则通过在不同部门的计算机之间拷贝软盘开展。仅仅这样，业务流程的执行速度就出现了革命性的跃迁，世界发现了信息化的威力。这个阶段，业务流程本身并没有发生变化。后来，人们意识到，有了计算机的帮助，可以对业务流程进行结构性改变，比如减少大量的人工校核勘误的环节，这方面的工作计算机完全可以替代人，甚至比人更可靠。再后来，人们又意识到，必须对业务流程进行大的改变，否则会极大地制约信息化的发展，甚至使信息化窒息。这个改变要大到超出某个具体的业务流程，要对关键业务进行重新规划，进而推动业务整体进行全面改变，也就是"流程再造"。

流程再造是极其必要的，事实也证明，流程再造更是极其困难的。一是包袱很重。负责流程再造的人员容易受到原流程习惯思维和模式的束缚，对流程的思考和重建很难是彻底的。而一旦彻底地打破了束缚，又容易忽视了原流程的合理性，"把孩子和洗澡水一起倒掉"。毕竟，原流程中很多我们觉得不合理甚至荒唐的部分，恰恰是为了适应复杂的现实环境而有意为之的，在环境没有改变之前改变设计，只会是按下了葫芦浮起了瓢。二是成本很高。普遍的文档不全和人员变迁，导致对原流程系统进行全面优化、重新设计开发的时候，无法承继原系统的经验，而重新积累经验的过程所耗费的时间、经费、人员和体验成本是极其高昂的。三是风险很大。越彻底地再造风险越大，原因很简单，再造流程会触动"人"的观念和利益。包袱很重、成本很高、风险很大，所以，很多冠以流程再造之名的信息化，真正从流程再造中获得的效益，有很大的可能是微不足道的。这些信息化投入，整体仍然会产生很大的效益，但主要是靠技术的"硬"升级带来的。

所以，经常所说的"流程再造，就是对业务进行深入思考，把握业务的根本目的即用户的需求，照此对业务流程进行重新甚至颠覆式的设计，相应开发新的信息系统，设计和开发的过程中充分利用原有的成果……"，在课堂里这么讲是非常正确的，在简单的实践中也很有指导意义，在复杂的实践中则是远远不够的。在复杂实践中的流程再造，关键是打造一个自我优化的、成本合理的、鼓励创新的、新陈代谢的机制。

互联网二十多年发展历史中的大量成功案例启发我们，数字政府的流程再造应该是从关键价值流程再造、新旧并行，到优胜劣汰和衍生增值的过程。一是"关键价值流程再造"，就是选择用户最多最重要的业务，完全从用户价值出发，运用彻底的互联网思维，对它进行重新设计，重新开发一个或者多个新信息系统。二是"新旧并行"，就是不要轻易断言新的就肯定比旧的好，新的需要有一个在使用中完善的过程，旧的也存在继续提升的空间，所以应该包容新旧系统的同时存在。三是"优胜劣汰"，就是通过用户"用脚投票"，对最差的系统进行淘汰，对最优的系统加大投入进行完善，使它吸收或者涵盖差系统中的有价值的部分。四是"衍生增值"，就是把再造后的关键价值流程提升到核心枢纽流程的地位，驱动其他流程的再造，进一步扩大关键流程创造的价值。

总之，对于数字政府系统工程，流程再造应该是"全面"的，具体在实践中，它不是一揽子铺开，而是全面改进和局部再造相结合，局部带动全局的动态壮大的过程。在数字政府的设计阶段，就要有意识地规划这些场景，甚至创造出这些业务需求，让全新的价值应用能够"从新"萌芽，接受挑战，彻底摆脱原有业务的流程束缚，在大胆扬弃中推动整个数字政府的新陈代谢，直到整体再造。

◆平衡与协调性设计

深入考虑结构、流程、数据、角色设计的总体设计者，难免出现自我封闭、把人"物化"的倾向，淡化甚至忽视人们最朴素的关于平衡与协调性的要求，所以有必要把平衡与协调性设计单列出来，对有关问题逐个聚焦，加以回答。典型的如以下问题：

地区间的数字鸿沟问题。信息化、网络化跨越了空间距离，给因为偏僻而落后的地区一个拉平落差的机会，前提是落后地区要获得和发达地区一样甚至更好的网络以及网络信息系统。这一点如果没有倾斜投入是不可能做到的。这和在贫困山区建公路是一样的道理。贫困山区要致富，就得建路，要建好路，但是建路要投入，而在贫困山区建路，算简单的经济账肯定是亏本的，所以必须倾斜投入。建网络主要是资金方面的倾斜投入，建网络信息系统则更主要的是智力方面的倾斜投入。

老年人和残障人士的数字鸿沟问题。现在的信息系统的人机界面设计，虽然已经做了很多改进，但对老年人普遍仍是不友好的，对残障人士普遍还是不方便的。这个问题还将持续很长时间，因为这不是技术问题，而是市场的问题，是主流消费者对非主流消费者的挤兑。我们可以通过大量的公益性投入改善这些问题，但不能彻底解决这个问题，要彻底解决还得通过市场的发育。什么时候，网络能够为老年人和残障人士提供真正需要的，更重要的是可信的服务和产品信息，比如医疗、养老、保健等，使他们成为网络的高价值消费者，至少成为某个细分市场的主流消费者，那服务他们的人机界面自然会迅速完善起来。

信用救济的问题。信用数据库的关键是把负面信息记录在档，这里面有一个尴尬的悖论，就是接受信息化程度越高的人，被记录的负面信息会越全面，信用分会越差，所以，需要有一个信用救济、信用修复机制。社会进步需要个体付出成本，这是个体对社会的责任；同样，社会要采取措施减少个体过高的付出，这是社会对个体的责任。

利益调节的问题。任何事情都可能调节利益，这是社会发展的必然。如何照顾到利益受损的群体，他们往往是少数，把他们的损失范围控制在一定限度内？数字政府的发展，还会损害某些行业，也必须有相应的调节措施。形势要求大家改变，同时也要有政策帮助大家适应改变。

◆运作体系

① 机构和人力资源体系

机构体系方面，数字政府涉及很多具体的政府和事业部门，这些部门的设立完善、职责分工、协同配合，是支撑数字政府运作的重要基础。同时，俗话说"一个篱笆三个桩，一个好汉三个帮"，光有政府和事业部门参与是不够的，一是不可能用专业的水平兼顾所有事情，比如法律、审计、测量；二是有一些工作需要特定的文化氛围，比如智库、媒体、高精尖技术研发；三是为了有效地降低成本，需要广泛的市场化的合作机构。

至于人力资源体系方面，数字政府则在这几处需要注意强化：一是专家体系，要由专家对重要工作进行科学客观的审查把关；二是一些特定岗位的设置和相应人员要求，比如首席信息官、首席数据官、安全管理员、安全审计员；三是对全员的责任要求、安全教育、素质培训，签署必要的责任书，并规划相应的发展预期。

② 文件体系

文件有很多种，一定要分类归纳才能有条理，有条理才能做到整体协调。这是很难的，因为文件太动态了，工作中随时都可能发一个公文，而且这个公文随着时间变迁，重要程度还会发生变化。完全有条理不可能做到，由于边际效应递减，也没有必要做到。但是，主要的、关键的文件还是要做到，而且最好事先就规划好。也就是说，要把发文件也当成一个系统工程去做。

在数字政府领域，主要文件大抵分为三类：规划类、政策类、标准类。

规划类文件的作用是归纳和分解，它的关键特征是目标导向。根据工作发展的不同阶段，规划类文件一般依次包括：一是意见，回答做不做的问题。当然既然出文件了，答案就是要做，意见的作用是就这点统一思想、统一认识。支撑意见的是调研报告，调研报告主要是对问题、目标、效益的调查分析，以及对实施策略、主要任务和工作内容做初步的可行性研究和成本估计，提出建议。二是规划，回答做什么的问题。通过规划，要看到方法、路径、框架、步骤、重点任务，直到项目和工程落地，环环相扣，把做成事情和防范风险两个逻辑链条阐述清楚。支撑规划的是研究报告，研究报告除了对规划内容进行深入的论证，还要对风险进行详细的评估。三是工作方案或者行动计划，回答怎么做、谁做什么的问题。具体分配任务、统一步调，做出路线图、分工合作和工作机制的安排，协调好行政、业务、技术、安全等不同线条的配合。

政策类文件的作用是解决问题，它的关键特征是突出重点。通过弥补短板，对重点工作进行针对性的支持；通过精准施策，对重点问题进行针对性的解决。编制政策文件，首先要对上位的政策文件和之前的政策文件有详尽的了解，不要重复，不要矛盾，立改释废结合，立足本地实际，聚焦问题，注意深化，务求实用。

标准类文件的作用是固化成果，它的关键特征是格式规范。通过规范的格式和严谨的全生命周期管理，把已有的表现为各种知识的成果，包括技术的、管理的成果固化下来，形成自我强化、常态高效的执行机制。标准类文件的全生命周期管理本身就应该由标准文件予以固定，包括文本、版本、发布、培训、更新、解释、资格、问责等等，都要形成标准。一切活动的过程，如果能够用书面进行描述，就应该以指南、规范、制度等不同强度的文件，通过试行、施行、检查、改进的推进路径加以标准化。这是一个长期的过程，要作为工作的必要部分与工作伴生。

以上规划类、政策类、标准类文件，在实际工作中是相互交叉融合的。不同种类的文件在作为公文发出时经常会使用相同的文种，如果在制定发布以后，再在归档的时候加以分门别类，是很难把握，甚至越理越乱的。所以，应该先明确这三类文件的分法，有了清晰的概念，然后在工作过程中综合把握，这样，文件编制者才不会陷入盲目，文件阅读者也不会陷入混乱。就好比先掌握了三原色的基理，我们就能够在保持清晰条理的同时，调制出丰富斑斓的颜色。

机构体系、人力资源体系、文件体系的形成次序，一般是先搭建机构体系，再形成人力资源体系，然后逐步完善文件体系。三者中，最难、最关键、效用最持久的是文件体系。假设数字政府是一台计算机，文件体系就是给这台计算机编写的程序代码，设计水平和编码质量直接决定了数字政府的运作效用。

③ 会议计划

会议是重要的沟通方式，有些工作众说纷纭、云里雾里，必须开了会才能形成清晰的共识。会议是重要的工作里程碑，有些工作总是以完善的名义在一个台阶上踯躅，直到开了会才大胆地进阶转段。会议是推进工作从量变到质变的重要推手，有意识地强化会议的计划性，能有效地提升工作的计划性。

④ 项目与资金计划

任务通过工程落地，工程通过项目实施，项目通过资金的使用而取得成果。反之，通过对资金的审计，可以对项目、工程、任务有力地追踪问效。

会议、项目、资金是重要抓手，这是普遍的共识，也有成熟的方法，这里把它们作为运作体系中不可或缺的组成部分，简单提一下，算是打个标记备忘，就不赘述了。

◆指标体系

我们常说"数字是指挥棒"，准确的表述其实是"成为指标的数字是指挥棒"。不论是考试的分数、大屏幕上闪动的股指，还是打怪游戏里跳跃的积分，都是因为变成了指标，所以具有了魔力，驱动人们废寝忘食地关注追逐。

考分、指数和积分，是比较典型的三类指标。以考分为例，它是经过这样一个过程形成的：第一步是确定考核的机制，第二步是根据教学大纲建立题库，第三步是根据每次考试的具体目标从题库中抽取试题编制考卷，第四步是组织考试并对答卷进行评分，第五步是对分数进行评价运用。指数和积分，也是经过类似的过程而形成。

数字政府应该有哪些指标？不外乎也是考分、指数和积分几类。考分用来分出优良中差的级别，指数用来对比空间和时间上的发展差异，积分用来鼓励日积月累的改进。

指标是一个中性的工具，从没有指标到有指标是一个重要的进步。有了指标，却不善用指标，指标也会失去积极意义，变成内卷的推手。对数字政府领域的考核来说，每一步都需要仔细衡量，否则可能适得其反。第一步中，考核由上级组织还是媒体、学术机构、社会组织等第三方来组织？考核频次是每月、每季还是每年？第二步中，题库中要不要有主观题？一般认为客观题较具备公信力，但是客观题也无法避免应试现象，有时还应该有一定比例的主观评价类题目才更科学全面。第三步中，选题的导向，也就是考核的导向，是考核数量还是考核质量？是考核成本还是考核效益？是考核绝对水平还是进步程度？第四步中，关于考核形式和评分方式，是专家评价还是公众参与？是进行问卷调查，还是根据原始大数据自动生成结果分数？不同的选择意味着干预乃至舞弊的可能性的大小，也决定了考核的公信力。第五步中，考核结果要不要公布？是公布排名还是原始分数？要不要内外有别？

指标的价值在于它的权威，它的权威维系于它的历史承继性。指标的发展完善必须沿着大家记忆延续的轨迹进行，要保持相对稳定。所以，对指标体系的谋划越早越好，要综合统筹，反复推敲，局部先试，稳步施行。

◆品牌体系

品牌是公众认知，它的关键特征就是简单明了。随着人们对服务和产品的需求日益多元化，以及因此导致的消费者市场越来越细分，从品牌派生出不同定位的子品牌也成了通行的做法。品牌和所派生的子品牌，就构成了品牌体系。

品牌和价值、信用、关注、机会之间高度重叠，密切相关，从古到今都是如此。但在互联网时代，品牌遇上了重大挑战。一方面，好品牌仍然意味着更低的获客成本和更大的访问流量，另一方面，品牌的新旧更替大大加快，服务对象的忠诚度大大降低，由于偶然的传播事故造成品牌翻车的风险大大提升。这是因为互联网太强大了，它密切了品牌和公众的联系，也割断了品牌和公众的直接联系。

数字政府本身就是品牌，由于它的不可替代性，所以并不存在品牌竞争的压力。恰恰因此，数字政府更加需要自觉地树立品牌经营的意识。只有把品牌经营好了，把品牌做强了，才能获得更优资源的投入，大大降低推广的成本，以及最重要的，通过提升用户体验来换得用户自愿的学习投入。

数字政府的品牌经营，需要注意以下几点：一要具备丰富的内涵，包括理论、技术、体验等，在此基础上进行提炼，凝聚出简明的理念，切勿本末倒置。二要善用更要慎用互联网传播手段，数字政府是一类互联网应用，但是数字政府不应以成为互联网现象为导向。三要保持创意，比如今天实现了"秒批"，明天因为有了区块链和智能合约，能不能更进一步实现"免批"？品牌经营如逆水行舟，不进则退，长期了无新意，品牌必然退化。四要有定力，不为追逐短期效应而偏离核心价值。数字政府品牌的核心价值，就是"言必信，行必果"的口碑。

◆外部资源

"互联网"这个词语中，"互联"两字的含义，从技术的角度理解，是网络的"相互联结"，而从组织的角度理解，则可以解释为"相互联合"。共享平台就是一种实现联合的平台，共享经济就是一类联合开展的经济活动。

通过快速联合，使广泛的外部资源"为我所用"，在创造和共享价值中，实现级数式的跳跃发展，这是互联网上的成长规律。有些联合是网上发起网上成型，有些联合是网下发起网上成型，有些联合是网上发起网下成型。至于资源，则是一个很宽泛的概念，只要满足两个特征，一是可以量化，人们用多少去评价衡量，二是可以利用，通过交换能产生价值，就可以认为是资源。

对于数字政府来说，要注意运用的资源有资金、人力、技术、数据、媒体、政策、市场等等。这其中有些是有形的，如资金，可以采用PPP（Public-Private Partnership，政府和社会资本合作）等方式引入社会资本；有些则是无形的，如政策，如果争取到先行先试的试点政策，对创新就有振臂一呼和保驾护航的作用。

其中最重要的是运用"市场"，这个介于有形无形之间的资源。要推动数字政府、数字经济、数字社会三者市场的接轨和整合，以实现1+1+1>3的叠加效应，才能有效解决关系民生的深层次问题。比如，对"如何为老人提供及时的救助服务"这个问题，如果解决方式是政府给每个老人发放健康手环，通过移动网络连接到救助中心，这就是数字政府；如果这个健康手环由企业给老人免费提供，回报以在老人同意的前提下分享部分老人的信息，这就运用了数字经济的资源；如果手环还连接到志愿者义工网络，精准推送老人的需求，这就运用了数字社会的资源。由于数字政府的支撑，老人的信息不会被滥用，志愿者和义工的服务不会被"碰瓷"，使得数字经济和数字社会的资源得以有效参与，市场也得以对利益进行有效的调节，这就是叠加效应。

（3）创新（Innovation）驱动与驱动创新

数字政府的创新包括两层含义：第一层，数字政府是信息技术和互联网应用创新发展到高级阶段后引起的面向社会治理的综合创新，是创新的产物和受惠者，所以，数字政府要继续顺应信息技术和互联网应用创新的趋势，从中获得物质基础，这就是"创新驱动"；第二层，数字政府深刻地影响着社会，社会是一切信息技术和互联网应用创新赖以生存的人文环境，所以，数字政府要以自身的有力作为，为信息技术和互联网应用创新开拓新的空间，也就是"驱动创新"。

数字政府的建设是创新驱动和驱动创新的二重奏。创新驱动是及时采用相关领域的创新成果驱动自己的创新，驱动创新则是以自己的创新带动相关领域的创新，后者承担了更大的社会责任，需要更大的格局观、勇气和智慧。为此，即使做到"数字政府是系统工程，系统工程中要贯穿创新，系统工程的每个部分都要孕育创新"都还不够，还需要进一步做到"数字政府就是持续的创新，是持续地把创新融入系统工程的进程，系统工程是服务于创新的载体"。要跳出一切我们认为已经很完善的系统工程设计，思考关于创新的问题，然后再和系统工程进行新的融合，比如以下关于机制创新、要素创新、技术创新、模式创新和理论创新的思考。

◆机制创新

其一，是市场供求机制的创新。

每个人都固执地自己造车，就不可能出现汽车工业；每个人都固执地自己开车，就不可能出现高速铁路。消费者的需求心理直接影响着规模化市场的形成，市场的规模影响着生产的成本和创新的效益，成本和效益影响着市场供给的质量，供给质量影响着消费者的需求心理。需求心理、市场规模、成本效益、供给质量，这四个因素相互耦合，首尾衔接，形成市场供求机制。

二三十年前，在移动电话普及之前的有线电话时代，稍具规模的单位往往有一个电信科，买一个容量从几百门到几千门的电话交换机，从电信局申请一个号码段，建立起自己的内线电话局，这既是为了节省费用，也是为了便于管理。后来，随着大规模程控交换机和密集接入技术的发展，电信局大大降低了电话初装和通话费用，而且可以为企业用户提供虚拟总机等服务，那些自己买电话交换机建立内线电话局的做法就迅速减少了。这就是从买系统到买服务的转变。对于单位来说，看到电信行业的进步，及时放弃自己的电话交换机，是受到市场供求机制创新的驱动；而更早一点放弃自己的电话交换机，从而为电信行业的进步做贡献，就是在驱动市场供求机制的创新。

包括数字政府在内的信息化建设，正在经历这样的从买系统（包括软硬件和系统集成）到买服务（如云计算服务）的转变。这个转变过程有难度，因为信息化需求很复杂，个性化程度很高，很难成为电话那样的通用服务。比如云计算服务从低到高就分成IaaS

（Infrastructure as a Service，基础架构即服务）、PaaS（Platform as a Service，平台即服务）、SaaS（Software as a Service，软件即服务）、DaaS（Data as a Service，数据即服务）四个层次。对于IaaS等低层次的云计算服务，数字政府可以采用创新驱动的思路，根据产业的发展，及时调整自己的采购需求，从买系统向买服务转变。对于DaaS等高层次的服务，数字政府则需要采用驱动创新的思路，通过政策鼓励、要素投放、需求简化等措施，更主动积极地参与创新，培育能服务自己，进而服务全社会的产业。

其二，是市场价格机制的创新。

数字政府建设，希望从买系统向买服务转变，而且，这个服务最好能像自来水、电、煤气这些市政公用事业一样，有一个公允的价格基础，只要适当地选定，就可以方便地成交。如果不能做到这点，每次买服务还需要进行复杂的招标和谈判，买服务就失去了意义，和买系统并没有本质的区别，甚至可能导致更大的浪费。

数字政府建设要买的服务，可分为两大类：一类是支撑类服务，包括设施服务、技术服务、运营管理服务、咨询服务、安全服务等等，这类服务适合以行业平均成本为基础来核定单价，按使用量计费；另一类是渠道类服务，就是服务商负责承建数字政府和服务对象之间的交互渠道，并完成服务的传递，这类服务适合按预期业务量中值时的成本核定单价，按使用量阶梯计费，当然是由政府支付。

这两大类服务的市场价格机制的确立，都还在探索阶段，这就直接制约了企业在数字政府建设中的深度参与，往往还是只能作为项目承建者进行施工和运维。因为企业要想深度参与，就必须准备先期投入，而没有价格机制，企业无法测算亏损预期和盈利预期，是无法做出先期投入的决策的。

市场价格机制创新的最终目的，不是为了实现某方的利润，而是以价格作为可量化的杠杆，降低社会总体经济成本。任何理念进入实践的下半场，就是经济问题；任何理念的实践进入了百姓生活，就是经济问题。对价格的锱铢必较，是为了实现舒适无感的经济社会。

其三，是责任传导机制的创新。

对"机制"这个词，社会学科的解读是"使社会各个部分之间协调地发挥作用的运行方式"，其实就是责任传导，让大家"有劲使，知道往哪里使，知道

预期获得在哪里"。前面提及的市场供求机制和市场
价格机制的创新，是为了形成高质量的市场机制，让
经济利益成为参与者的责任传导介质。但是，在市场
机制不适用的地方，比如政府部门内部，就必须有其
他的责任传导机制。这方面的经验很多，但作用发挥
不稳定，有时很有效，有时流于平淡，需要给它们加
一点创新的"盐"，就是要努力寻求给每一个负责任
的参与者可预期的获得。

其四，是技术研发机制的创新。

信息化领域的创新与其他领域的创新最大的不
同，就是技术创新永远处于关键的地位，技术研发一
旦停滞，信息化必然走入末路。虽然我们经常说"信
息化到了今天，技术不是问题"，但实际上，目前的
信息技术和产品其实还不足以支撑一个全社会治理规
模的数字政府信息平台，还需要大量的技术研发。当
前，技术研发机制的主体是各种类型的"产学研用"
体系，它们普遍存在一个局限，就是以产品为中心，
研发的标的是有竞争力的产品，而不是有扩张力的平
台，衡量优劣的标准是产品能形成产值，而不是平
台能创造价值。这就很有必要加以创新，形成一个以
平台为中心，让技术、产品围绕平台发展，平台为技

术和产品提供应用场景和市场回报的新型的"产学研用"体系。

◆要素创新

要素是什么？它是一种重要资源，而且人们在考虑它时，可以认为在不同时间、不同地点、不同领域，它都是同质的，可以通过一定的规格标准用量化的方式去精确分配。用这个观点加以评判，数据还不是一种典型的要素。不过站在公众观点，已经可以这么认为。因为在很多场合，我们已经这样说"我需要多一些数据""请给我更充裕的数据，什么样的都行""其他都有，只要没有数据，我还是没办法""设计再好，数据跟不上，还是做不出来"，而不会被认为是借口托词或者套话官腔，这就说明数据已经被公众观点接受为要素了。就如同我们可以说"我需要多一些劳动力""请给我更充裕的资本，什么样的都行""其他都有，只要没有土地，我还是没办法""设计再好，技术跟不上，还是做不出来"，而劳动力、资本、土地、技术，都是要素。

数据成了要素，就是认可了它的重要价值，意味着它是高级生产资料，不能粗制滥造，也不能粗放利用。在数据行业没有达到一定发达程度的过去，我们不称数据为要素，现在数据成了要素，说明它已经具备了一定水平的高级加工的技术手段和深化升值的产业基础。

对于数据来说，成为要素是一个喜人的里程碑，同时，更是一个新的起点，要转变态度，有更大的担当了。

其一，是面对困难的态度。

在信息化拓荒的时代，信息化建设者在遇上困难的时候，有一类普遍使用的理由，就是体制障碍。这体制障碍，可能指传统机构体系不适应信息化改造，可能指项目和资金审批不适应信息化建设周期，也可能指信息化部门权力不够大。"总之，只有克服体制障碍，才能使信息化获得充分发展"，信息化建设者经常这么说。现在这种说法少了许多，因为电子商务和社交软件的成功证明了信息化自身应有的威力，而它们并没有归功于某个体制障碍的解决。现在，随着数据成为要素，这类理由就彻底不成为理由了。确实还有体制障碍，但那恰恰是展示数据要素重要作用的地方。要克服体制障碍，就要依靠数据驱动！就好比，在土地成为要素的今天，如果某人手握黄金地段的土地，却抱怨没有钱开发，那只能怪他没有运作的能力了。

　　数据成为要素，意味着掌握数据者有了巨大的能力和责任，再没有懈怠或者撒娇的借口了。在数字政府领域，作为诸多关于体制障碍的理由中的一个，长期以来我们说"传统的业务流程与电子化数字化网络化的应用场景不匹配。要实现电子政务，就要进行流程再造。而流程再造的过程，当然是行政人员应先根据信息化的需要和条件进行再造流程的设计，信息化人员才能组织开发团队把再造后的流程用软件去实现"。于是，行政人员和信息化人员的纠葛贯穿着一切工作的始终，80%的精力用来互相沟通，其中的80%就是扯皮而已。现在，既然数据成了信息化人员掌握的要素，理论上，信息化人员应该比行政人员更清楚流程的要谛，流程再造就应该是信息化人员分内的事。用业务产生的数据去改革业务，而不仅仅由开展业务的人去改革业务，这就是数据的力量。搞电子商务的人不会抱怨流通体系不畅，因为没有流通体系的难点痛点，人们就不会需要电子商务。现在，建设数字政府的人也要有这个认识，要向自身的"骄娇二气"宣战了。

　　面对困难，在数据成为要素之前，可以盘桓等待、呼叫支援，在数据成为要素之后，就必须攻坚克难、锐意前行。

其二，是面对未来的态度。

对数据我们一般是这样认识的：实施一个信息系统，系统运行的时候产生数据，我们知道数据重要，于是把数据存储累积起来；有些信息系统是专门为获得和处理数据而部署的，它们采用系统互联、数据探针、爬虫等手段收集数据，完成挖掘、分类、统计、展示等功能，这些系统会尽可能多地把原始数据存储起来。这些都是正确的认识，数据库、数据仓库、数据池就是这样形成的。不过，在数据成为要素的今天，简单线性地认为数据越来越重要是远远不够的，还必须有更超前的思维，实现认识的飞跃。比如：从围绕应用做数据，向围绕数据做应用的转变；从追求数据原材料的数量质量，向围绕数据（封装）产品的应用价值进行分析的转变；从使用IT技术语言，向使用数据（字典定义的）语言，或者说数据业务语言的转变。最重要的，是从以物为中心，把人和人的行为也作为一种物，围绕物做数据，向以人为中心，把一切物都作为人的外部输入，围绕人做数据的转变。数据产业将是一个以人为中心的产业，数据运营将是一个社会事业，数据空间将是一个人类社会化生存的新空间，最终制约它们规模的唯一因素，就是人口基数。

面对未来，在数据成为要素之前，可以做亦步亦趋的追随者，在数据成为要素之后，则要做既勇且智的领跑者。

其三，是面对风险的态度。

围绕数据的"道高一尺、魔高一丈"的博弈和对抗，贯穿了人类历史。早期有数据泄露的风险、数据灭失的风险、数据不准的风险、数据篡改的风险，随着网络的普及和对个人数据的普遍采集，这些风险进一步扩散成了社会性的经济、安全、道德问题，使得数据共享和开放的理由不论多么充分，也必须在可控范围内有序开展，从而确保公共利益。

随着数据成为要素，新的风险产生了，就是重塑利益格局给社会带来的不耐受风险。市场经济下，要素是通过流通创造价值的。数据的流通，把数据中心从接纳数据的最下游变成了汇集数据价值的最上游，成了新产业、新行业的孵化器、加速器，新的价值河流出现了，河流所至的各个环节，也将产生一批新的职业，比如数据经纪人之类的中介。这是好事，但是每一个新产业、新行业、新职业的产生，都会产生巨大的利益碰撞和格局变化，一大批产业、行业和职业将受到冲击，甚至消亡，不预做准备，必然带来动荡。在电子商务冲击下，百货商场纷纷关门，大量就业从店铺转移到快递的景象，将在更广的范围出现，而且将直接冲击知识和资金密集型的行业。

面对风险，在数据成为要素之前，可以以初生牛犊的大胆去闯，在数据成为要素之后，更要以如履薄冰的谨慎履责。

◆技术创新

科技创新是浩荡潮流，不可阻挡，只能顺势而为，因势利导，努力使潮流与自己所向并行。对于数字政府来说，有哪些创新技术需要跟进呢？最现实的，是云计算技术，正是有了云计算技术，数字政府才得以实现一体化、集约化，不过，云计算技术的发展其实仍在初级阶段，前途漫漫。最热门的，是人工智能技术，人工智能已经可以写诗了，想必很快也可以写公文，不过，很可能需要为数字政府设计一种全新的程序语言。最需要的，是仿真技术，如果说数字政府是社会治理的工具，仿真技术就是制造工具的工具，不过，这方面目前基本是空白。

每一种成为流行概念的技术，都是一系列技术的集成总和。技术的概念并不是技术本身，概念里的技术可以是纯粹的百分之百的正确，即使有不正确之处，我们也可以通过改变定义加以完善，而现实应用中的技术是双刃剑，使用和搭配不当会反受其害。在应用新技术时，永远要保持清醒，要善于驾驭，要控制风险，不要孤注一掷，不要人云亦云，不要眼高手低。要特别注意防止技术应用的重大错位，就好比应用核技术的目的，本来是要建核电站，结果装成了原子弹。

对新技术，即使经过专家推敲论证，有了详尽的SWOT等分析和科学可行的方案，在部署应用前，管理者还应该对着自己做一个常识性的评估。评估的流程是这样的：依次阐述该技术的特点、目前缺陷、应用场景、期望的关键技术功能、对社会的影响、想象空间和风险，自我感觉是不是通透了。如果觉得还不通透，那最好安静地再听听、谦虚地再学学、深入地再想想，要俯首甘为孺子牛，不要虚荣心膨胀做头脑发热的愣头青。

下面以5G（第五代移动通信技术）和区块链技术为例，做这样的评估。

/★关于5G在数字政府的应用评估★/

特点：与4G（第四代移动通信技术）相比，5G的带宽进一步提升，可以支持更高速率通信，远程诊断、虚拟现实这些需要海量数据传输的应用得以开展。5G的通信时延也进一步降低，支持工业车间、自动驾驶这些对反应速度要求非常苛刻的应用。

目前缺陷：目前的5G系统尚未普遍使用毫米波频段通信，而不使用毫米波频段通信的5G，前面所说的两个优点会大打折扣，与优化部署的4G系统差别没有想象中大。再加上耗电大等缺陷，5G行业一定时期内、一定程度上存在两头热即上游的政策推动和下游的设备制造产业热度高，中间冷即网络投资和运营方保持冷静的情况。

应用场景：在数字政府领域，5G的部署能创造一些新的应用场景，或者大大提升这些场景下的用户体验，比如超高清晰视频监控和人脸识别、使用无人机群的现场感知和应急处置、集成海量传感器的全息式智慧城市管理等等。

期望的关键技术功能：5G网络切片技术成熟后，有望以合理的成本，实现与公共移动通信网络同样覆盖范围、同样稳定可靠的政务移动通信专网，大大提高数字政府的信息安全技术防护能力。

对社会的影响：数字政府对5G的应用，将使数字政府成为5G产业发展的一个规模庞大的市场，并可能成为社会风向标，改变公众用户的习惯。

想象空间：5G将带来巨大的量变，终端形式更加多样化，数量将十倍、百倍甚至上千倍地增加，人们普遍采用数字化方式感知世界和相互交流。质变终将产生，但是在哪里产生，爆发点在哪里，我们无法预料，这就是5G恐慌，一种对新技术带来不确定未来的担忧。应对之道就是发挥想象力，创造性地用好新技术，引领技术应用，努力让质变发生在我们最有准备的时空里。同一个技术不会带来重复的质变，每一次质变对技术蓄能的释放，都是对其他质变概率上的挤兑。对于数字政府来说，应用5G最大的想象空间是实现万物溯源的应用场景。比如，它的普及能大大降低物联网的成本，使得单位价格相对低廉的农产品从地头到餐桌的全过程也可以被置于可溯源的管理下，再与数字政府的信用管理结合，把这种溯源管理变成一种普通农户个体也能享有的公共服务，就能把农产品直销从网红经济变成一种基本流通方式，让最不会用网络的农民也能加入进来，享受到数字红利。

风险：部署5G后新增加的风险因素，一是事故的扩散速度会大大加快，影响范围更广泛，连锁反应更复杂；二是在特定领域如城市大脑的深度应用中，一旦出现安全问题，后果就会更加严重；三是网络切片的逻辑隔离安全闸门，理论上虽然并不比物理隔离强度差，实践中却容易出现低级错误。

/*关于区块链技术在数字政府的应用评估*/

特点：区块链是一套用来支持去中心化的完全分布式数据库或者说数据账本的技术体系，通过高强度加密算法和分布式存储等软件技术的集成，实现了所存储数据的不可篡改、全程留痕、追踪溯源。2009年1月，比特币平台出现，它是采用区块链技术搭建的虚拟加密数字货币平台，发行的数字货币叫比特币。比特币平台十几年的迅速发展和超稳定运行，证明了区块链技术的先进性和安全性。

目前缺陷：彻底的分布式存储导致数据存储速度慢、存储空间消耗大；技术上的去中心化，造成无信用背书，一旦出现问题，反而可能要用管理上的强中心化去解决；数据的不可篡改，导致原始数据一旦出错，就无法纠正；技术的流行和应用范围的扩展，带来技术的分化，出现公有链、私有链、联盟链，但是标准工作滞后，导致分化变成分离，这些区块链可能成为孤链。

应用场景：在数字政府领域，首先，区块链技术的数据不可篡改等特性能够有力地支撑存证防伪应用；其次，它的数据全程留痕等特性能够有效地降低数据提供部门的责任风险，大大减少了数据共享和数据公开中的行政障碍。

期望的关键技术功能：解决了性能问题，区块链就有望成为数字政府的基础性技术，"区块链+anyone"或者"区块链inside"有可能成为数字政府的标准配置。

对社会的影响：数据和黄金、白银等资产有一个根本的区别，就是黄金、白银是实物资产，谁拥有实物，谁就拥有了资产的第一所有权；而数据是无形资产，一份数据在传输、交换、共享等流通行为中，会在不同环节产生多份一样的拷贝，哪一份拷贝代表了数据的第一所有权，很难界定。这是数据资产化的最大技术障碍。区块链技术有助于解决数据确权和确权基础上的权利转移的问题，推动数据资产化。数据资产化的实现，也意味着描述资产权益的数据和资产自身一样可以受到有效的确权保护，前者可以代表后者进行交易，而且能更快速地进行流通，这又将极大推动资产数据化。

想象空间：区块链技术给数字政府带来的想象空间主要来自区块链2.0推出的智能合约。用技术语言描述，区块链1.0的去中心存储，创造性地改变了静数据的存储方式，以此强化了静态数据的信任机制；区块链2.0的智能合约，则创造性地改变了动数据的运行方式，以此强化了动态数据的信任机制，而一切的软件、子程序、中断调用、代码脚本，本质上就是动数据。用非技术语言描述，智能合约就是通过区块链平台进行公证并能自动执行的合同。传统方式的纸质合同，当合同履行条件成立时，须合同双方确认，然后双方自愿执行，如果任何一方不确认或者不执行，则需要提交第三方去仲裁和强制执行。智能合约则是双方确认的一个计算机程序，一旦条件成立，区块链平台就会自动且强制执行这个程序，不需要合约双方的确认和执行。本质上，双方在签订智能合约的时候，就把合同执行的权力全权委托给了区块链平台，理论上杜绝了双方主观违约的可能。采用智能合约后，在数字政府领域，我们可以有这些合理想象：想象一，近期，采用智能合约的自动触发执行机制，可以取消很多行政审批事项的办理环节。比如某人甲一到退休年龄，数字政府就自动触发办理甲退休手续的智能合约，合约全面核查和比对甲的个人信息，确定甲进入退休状态，在系统中办理养老金提取等各项手续，并把办理结果通知甲本人，这样甲就不用费时去填写申请办理退休手续了。通过智能合约的自动触发，数字政府的审批过程从前台消失了，其实审批仍然在后台进行，但在用户体验上是无感的。又比如某人乙要出差，他的出差申请一旦被批准，就自动触发一个智能合约，合约为乙到政策法规库查询最新的出差标准，到卫生健康部门查询最新的防疫要求，甚至订票订房，等等。想象二，中期，采用智能合约实现数据服务代理，实现数据在不可以拷贝方式下的运用。IBM Watson人工智能医疗诊断技术上非常先进，可它需要获得大量病历数据进行大数据分析，与医院对个人数据的保护责任发生了冲突，使得现实中它是无法推广的。如果与智能合约技术结合，通过智能合约实现数据访问中的复杂权限控制，让智能合约发挥数据授权访问的"门禁""海关"，乃至"进出口加工区"的作用，使得数据使用者并不接触数据本身，无法滥用数据，更无法拷贝数据，就能"超维"地实现数据共享，这就为解决数字社会的数据规管问题提供了解决方案。想象三，远期，一系列的智能合约将成为网络生存的各种电子证明。在社会中生活，我们需要一系列的证明，包括我们的身体是否与身份一致都需要证明。在网络上生存，我们也需要一系列的证明，数字社会的公民需要证明自己的资格资历，网游空间的玩家需要证明装备是自己的，元宇宙里的虚拟人需要证明自己的VR形象是拥有版权的。问题是，我们只能提供证明，对我们所提供的证明进行验证的行为，我们是无法自主而只能被动接受的。而有了智能合约，我们提供的证明将是自我验证、自动验证的，它的真实性是由区块链平台强制保证的，被要求出示证明的"我"和要我出示证明的"你"都没有权力拒绝，从而实现了"我"和"你"的权力对等。

风险：任何美好的技术，必然存在巨大的风险，如果保持警觉，防范得当，可以把这巨大风险的发生概率降低到足够接近零。区块链是有巨大风险的，需要我们保持警觉。一是作为区块链安全底板的密码算法的漏洞。算法是数学，数学的真理是一种概念定义，数学的定理则永远有被证伪的可能。区块链密码算法依赖的正交坐标是一种概念定义，采用的不可逆的数学公式不是绝对不可逆的。会不会有一个数字天才彻底破解区块链的密码算法，造成区块链平台大灭绝？这个可能性太小，可以忽略。不过，现有的区块链的密码算法，是承认可以被暴力计算所破解的，只是这个暴力计算的计算量和成本如此之大，破译一台普通电脑用1秒钟时间加密的数据块，需要全世界的电脑计算1亿年，所以在现实社会中不会发生。可随着量子计算的发展，估计20年内，需要全世界的电脑计算1亿年的计算量，一台量子计算机1个月甚至1天就能完成。也就是说，如果区块链平台不具备自我算法升级的能力（这恰恰是它目前的重大不足），20年后，现在托付于它的数据，包括静数据和动数据，都将无法保证可信性。二是智能合约的代码风险。智能合约是人编写的程序代码，难免有漏洞。智能合约越复杂，出错的可能性越大，而且由于区块链的特性，出错以后纠正的难度极大。智能合约直接关系到合约签署者的权益、资产等法律事务，而熟悉法律的律师很难直接看懂代码，就好比审合同的看不懂合同，只能听打字员口头解释，这种沟通不畅大大增加了出错的概率。智能合约要防范这些风险，就必须在技术进步的同时形成社会配套体系，比如智能合约审计的标准配套、智能合约律师的编程技能配套、纠纷仲裁的法律配套，甚至电子印花税的管理配套，等等。

◆模式创新

模式是对技术的应用方式。没有颠覆性的应用模式，新技术就不能颠覆行业，往往会被束之高阁。坦克师对于坦克，比特币对于区块链，前者都是对后者的颠覆性的应用模式。

模式创新创造了我们的生活。从先付款再吃饭到先吃饭再结账，再到用信用赊账的信用卡的推广，就是典型的模式创新。模式创新本身是一门学问，有专门的研究，很多书籍给出了大量的理论指导，它们作为事后的总结，能帮助人们加深对创新的理解。但在现实中，模式创新往往是一个点子瞬间闪现，然后就开始了。

要产生点子，触类旁通是最有效的，在数字政府领域也是如此。比如互联网"找到痛点，分析场景，开发应用，联接体验，地推扩张"的开发模式；社交软件"打通数据流、资金流、物流，千方百计获得用户，流量倒逼迭代升级，通过上规模形成护城河，进而实现马太效应的赢家通吃"的扩张模式；超市百货的"广场、门店、专柜""货区、货架、货品"的管理模式；飞机"驾驶杆、驾驶舱、驾驶头盔"的操纵模式，等等，都正在变成数字政府的点子。

虽然数字政府模式创新的点子容易有，但其中真正能实现的，却只是凤毛麟角。局部有一些成功的范例，离整体做好、做到位仍有很大差距。为什么电子政务和电子商务几乎同时起步，同样在追求模式创新，可是电子商务发展日新月异，不时有令人称奇之作，而电子政务发展却按部就班，少有耳目一新之举？两者用户体验差距之大，令人深思。最主要的原因，就是在电子商务领域，企业创新极大活跃；而电子政务领域，未充分地引入企业创新活力。创新的点子容易有，放得下身子、耐得住性子、沉得下心思把点子做到尽善尽美的工匠精神不容易有。在数字政府，以及更宏大的社会治理和公共服务领域，营造安全可控、符合公共利益、支持工匠精神的创新空间，是模式创新的关键。

◆理论创新

信息化领域不缺乏先进的理念，但是尚缺乏时间的积淀，所以还没有形成特别系统、特别有高度的理论。"信息化领域的创新太快，理论容易过时，所以让实践先行"，信息化可以这么自我安慰。具体在数字政府领域，则有所不同，因为数字政府涉及社会治理这个严肃的命题，涉及一个巨型复杂系统，用理论指导创新，从而降低试错成本、杜绝重大错误是极其重要的。这方面，要在与传统成熟理论结合的基础上，通过对内涵和外延进行审慎的升级，形成数字政府理论创新，以理论创新指导实践创新。比如：

　　探讨关于政府和数字政府的关系，思考数字政府在中长期实践中的关键任务。数字政府是政府的工具，一个更好地实现政府功能的信息化工具。从技术开发的角度看，它是一个互联网产品，也和任何互联网产品一样需要不断迭代改进。第一代产品只是为了触网，开辟一个与公众信息交互的网上新窗口；第二代产品带来方便和效率，推动流程优化；第三代产品功能日益强大，成为不可替代的平台；第四代产品则正在向自动化智能进发。数字政府的发展推动传统政府的电子化、数字化、网络化，从线下向线上转型，数字政府成为政府的网上部分。数字政府又从线上向线下延伸，改变和融合政府的网下部分，成为全时空的现代化政府。从中长期视角看，数字政府呈现的最重要的景象是线上线下持续地相互转换、相互促进，这其中的纽带则是数据。数据是线上线下发生联系的唯一介质，所以，确保线上数据和线下数据的一致性，就成了政府得以网上网下全时空存在的关键。而要确保线上线下数据的一致，首要任务就是减少数据产生过程中的人为干扰，人工填报的方式应该以最大的努力避免。但是，数据是给人用的，在数据产生的过程中必然要有人工参与以反映人的需求，没有需求导向的无选择地记录数据，成本之大，是不可承受的。避免人为干扰和反映人的需求，这个矛盾，需要通过改进数据产生的工程流程加以解决。比如对原始的、天然的数据进行防篡改认证，而对引入人的需求以后的数据要打上非天然的标签等等。这些说起来简单，做起来非常艰巨，而且只有通过数字政府才能做到。总之，数字政府在中长期实践中的关键任务是确保线上线下数据的一致性，它将是网络时代的现代化政府的核心功能之一。

探讨关于政府与公共服务的关系，思考数字政府的基础作用。政府的任务是公共行政或者公共管理，它们都属于广义的公共服务范畴，是由政府负责提供的公共服务，甚至可以引申认为，公共行政和公共管理的目的就是让公众能得到良好的公共服务。不过，政府负责提供，指的是政府要对目的的实现负责，而实现目的的路径可以有很多选择，或者说有关任务在落地实施的时候可以有很多不同的组织方式，政府相应发挥不同的作用。可以是牵头组织、一揽子包办，也可以是出台政策、鼓励倡导，可以是政府投入、财政埋单，也可以是四面八方各出一点。方式千差万别，成本千差万别，产出也是千差万别。总的来说，在能管好的前提下，把公共行政、公共管理的一些具体实施内容，以及更多的公共服务，交给社会和市场去完成，政府专注于对公共服务的管理，是更科学经济的。但是，很多时候，我们看到的是一场尴尬，开始以为能管好，于是交给社会和市场，出现混乱后，却发现已是覆水难收。也就是说，如果抓不住公共服务的牛鼻子，所谓专注于对公共服务的管理，很可能成为空谈，成为回避责任的借口。什么是公共服务的牛鼻子？就是"公共"两字，就是公众对某项服务的公共性的相信，就是"公共"的"信用"。所以，最基础的公共行政或者公共管理，就是为公共服务定义公共信用。医疗也好，养老也好，教育也好，幼儿托管也好，成为公共服务的充要条件就是政府担保的公共信用。公共信用就是公共服务得以成为公共服务的底座，而公共服务的服务对象，当然也需要接入这个底座来确立信用。数字政府具备这样的能力，所以有责任成为这个底座。也就是说，成为服务型政府的信用底座，应该是数字政府的基础作用。当然，成为这个底座后，数字政府就必须不断提升自己的能力以满足人们对服务越来越高，有时甚至苛刻的要求。公众可以这样期许，在数字政府2.0或者3.0的时候，证明自己身份也会成为由数字政府提供的公共服务，而不需要人们自证"我是谁"了。

理论创新来源于实践，并在实践中获得检验。理论创新的过程，与机制创新、要素创新、技术创新、模式创新以及其他创新相比，最大的不同，是特别强调要超脱于既定概念和原有视角，否则会被既定概念和原有视角所使用的语言所局限，会拘泥于有限语言描述的眼前世界，而错失面向未来进行前瞻和取得突破的机会。如果用中世纪的语言描述爱因斯坦提出的相对论，那么相对论说的就是"物质是感觉，是光和能量对人体感官，或者通过仪器加之于人体感官的刺激，一切看到的物质运动是偷梁换柱的魔术，其实是空间在运动"，显然，我们会觉得这说法太荒谬而拒绝接受相对论，从而错失一个科技时代。

所以，我们在以人为本，以人为中心构造信息社会的时候，又必须认识到，这个以人为中心，其实是从人的体验出发的视角看问题，而从平台的角度观察，信息社会才是总线，人只是一种接入的结点。具体的，对于数据，我们习惯了这样表述，"个人数据是属于个人的，即使汇聚到公共数据库中，也是个人的"，改变一下视角，我们也可以这样表述，"对于成为社会性生产资料的那些数据，既然和空气、土地一样重要，为什么不能像空气、土地一样引为公有呢？"数据一旦成为生产资料，对它在确权方面的实践探索，就离不开对数据所有制的理论创新。

（4）规则（Rule）

这里所探讨的规则，指的是一种知识的积累，是那些值得传承的知识。规则有很多传承的形式，可以是潜移默化的习惯，可以是口口相传的规矩，可以是工匠手中的制式工具。而那些非常重要，又一不小心就会松懈的规则，必须固化为书面文字撰写的制度，简称制度。

在工程领域，严谨是最重要的要求，所以规则几乎都要用书面文字撰写出来，规则就是制度。当然，数字政府的系统工程还没有成为像桥梁、大坝建设那样的工程学科，所以，确实有很多规则性的知识，还无法成为制度，只能先做一般性、指南性的文字阐述，先积累下来。

数字政府建设，要把凝练制度放在战略地位。数字政府的战略管理者不仅要考虑制度建设问题，而且要细化到这个程度，即清楚制度体系的全貌，清楚知道有哪些重要制度，并准确理解关键制度的关键内容。

制度是人写的一种文章。按照写文章的路子写出来的制度，容易出现以下三个问题：一是缺乏全局思维。具体表现在缺乏整体规划，目录条理不清，与系统设计不配套。只见树木没有森林，制度孤立成章，缺乏布局，结构失调。二是中看不中用。具体表现在纸上谈兵，贪多求全，表面好看，实际一用漏洞百出，不断要打补丁。往往还用词不严谨，同一个词前后释义不同，或者同一个释义前后变换用词，解释起来捉襟见肘，自相矛盾。三是执行力弱化。具体表现在写制度的人只关注制度的内文，不关注在实际场景中为制度的宣贯、执行、修订机制做配套的规定，只负责造车，不负责加油，不负责保养和维修。制度的生命力在于执行，这个观念要贯穿写制度的始终，在制度交稿的时候也要用这个要求严格审视。制度自己要给自己赋予生命力，制度执行的第一粒扣子是写制度的人要为自己扣上的。一个好的制度体系，是三合一的，即制度目录、制度正文、制度内对制度执行机制的规定三者合一，三者同样重要。

制度体系建设的终极目标当然是事无巨细，力求全面。但是，罗马不是一天建成的，第一步还是要把关键制度搭建起来。对于数字政府来说，首先要立的是项目管理、应急响应和数据质量工程三个关键制度（或者说制度体系）。

◆项目管理制度

项目管理制度是对项目全生命周期的行为、行为主体和行为对象进行描述的规范性文档。制定项目管理制度的时候要注意三点：一是所描述的全生命周期要足够全。要涵盖项目从规划、可行性研究、审定立项到采购、实施、运维、升级、更替、折旧、继承等所有阶段。二是对各个角色的定义、分工和互动关系描述要完整。角色要包括主管方、业主方、运营方、咨询方、设计方、代建方、集成方、分包方、供货方、验收方、托管方、测试方、审计方、中介方等，而且视情况可以进一步细分，如把测试方细分为代码测试方、功能测试方、兼容测试方、安全测试方等。三是对角色互动时使用的所有文档，都要尽可能提供标准格式或者参考模板。这样做，既能把制度更细致地固化，又能大大降低互动所消耗的人力和时间成本，还可以让被制度约束的对象收获便利，减少对制度执行的抵触情绪。

项目管理制度中，最基础的是项目审批制度。

项目审批主要针对项目方案进行。项目方案不仅是对项目目标、任务、投资等的描述，这只是最直观浅显的，更重要的是对系统工程的理解认识，这是渗透在字里行间的。项目方案要对这些内容做出清晰的规范性描述，包括：技术（路线、架构、接口、协议、分布、流量均衡、兼容扩展、部署环境、基础设施要求等等），界面（用户登录方式、个人定制、UI、层次、统一门户等等），数据（基础数据库、存储、容错、一致性、元数据、目录、治理、共享、开放、备份等等），安全（防护边界、手段、认证、加密、审计、应急、修复、内容、法律援助等等），项目管理和运营的分工机制、进度计划，经费、人力、物力的投入和产出效益分析，对低碳环保、产业政策的响应，等等。

　　复杂的数字政府项目方案，从编制到评审，都要充分发挥专家的智慧。为了达到实施效率高、用户体验好、综合成本低、持续改进能力强的要求，更要充分发挥产业界专家的经验，对以下两点进行重点把握：一是把握购买通用软件与购买定制软件的优劣。确定哪些功能采用成熟的软件产品或者平台服务，哪些功能采用定制开发的软件。二是把握购买系统运维服务和购买业务运营服务之间的优劣。系统运维服务是技术服务，以现在的业界水平可以做到很好，但是无法适应需求的快速变化，有关经费投入难以进行效益核算；业务运营服务是包括技术与管理在内的综合服务，它是用户需求导向的，可以有效地激励服务提供方持续改进服务，但是当前真正有能力提供数字政府业务经营服务的企业确实很少。这两点既是决定项目投资规模的要点，也是决定项目是否在经济上可持续的难点。这两点又很难有客观的评判准则，需要熟悉产业最新发展的专家进行认真评估。

◆ 应急响应制度

"应急"两个字给人的第一印象，就是应该尽量少出现，以及一旦出现应该尽可能短时间内结束。这种印象是正确的，不过并不完整。应急还需要是一种常态出现的场景，否则必然导致松弛、锈蚀、懈怠，当然程度上我们希望能在控制范围之内。应急还应该是一种动态发展的工作，坚持不懈、持之以恒才能真正做到有备无患，"台上一分钟，台下十年功"是对应急的真实写照。

对应急响应制度，要通盘考虑，先有完整的构思，然后不断地细化、完善，再经过反复演练和实践检验，做到大处周全、小处缜密。数字政府的应急响应中，技术处置毫无疑问处于重要地位，但不要因此就片面地认为数字政府应急响应只是对网络安全攻击和系统故障等的处置，从而忽视了数字政府作为一个社会性基础设施，它的每一次应急其实还是一个社会事件。所以，在制定数字政府应急响应制度的时候，要特别注意跳出技术思维统筹好这些内容：

决策分析模型：包括对风险因素、技术因素、人为因素、社会影响因素等的分析。由于数字政府处在开放的互联网环境下，要特别注意对舆情和次生灾害的分析。

处置预案：处置预案就是预先准备的处置方案。因为时间紧急，临时编制处置方案必然造成时间拖延，而且容易出现缺陷，甚至挂一漏万，所以要预先准备好。在数字政府领域，常规的应急处置预案一般包括对服务恢复、数据保全、现场保护等的安排，但必须记得，所有的应急处置都是双向展开的：一个方向是针对问题采取相应的处置；另一个方向是跳出问题本身，哪怕搁置问题，也要确保系统正常服务。

资源体系和资源投放体系：对所有应急响应中可能用到的人力、物力、财力、信息、技术资源，要做到平时有综合储备，战时能有效掌握、征集和投放。资源包括有形和无形两种存在，在应急响应制度中，对资源的定义要简洁明了，尽量落实到看得见、摸得着的有形资源，这样才容易快速理解和有效执行。

信息传播体系：作为应急响应制度，不需要去研究信息存储量，而应该专注于信息内容，分析信息在应急响应过程中如何在人—人、人—物、物—物之间传播。人—人之间传播的信息是最复杂的，包括决策和行动的支撑信息、上传的请示报告和下达的指示命令、相互的沟通告知、面向大众的通稿告示等等。这些信息必须放在一体集成的传播体系中，分门别类有组织地集中获取、分级控制、有序导向。这个一体集成的传播体系，又要和互联网和移动互联网上充分发达的社交媒体相适应。应急响应的信息传播体系与其他领域的信息传播体系最大的不同，是对精准的极端重视。恰恰是因为应急情况下，难以做到精准，所以要特别重视精准，尤其要杜绝应急响应者自身的疏漏造成新的不准。"细节是魔鬼""细节决定成败""千里之堤，毁于蚁穴"，这些话用在应急响应中是最恰当不过了。一个不漏、一字不错、一刻不停，这就是应急响应信息传播体系要绝对而不是相对满足的可靠性要求！但是"人非圣贤、孰能无过"，在高负荷的应急运转中，思维断路比体力耗竭更容易出现。要确保绝对可靠，就必须实事求是地降低信息传播对人的压力，这就需要做到内容条令化、版式标准化、分发程序化，相应的条令编序、版式模板、分发清单，应该成为应急响应信息传播体系中每个环节的标准三件套。

保证以上决策分析模型、处置预案、资源体系和资源投放体系、信息传播体系运转的组织体系和组织运作机制，又可以分为战时和平时两种。前者，就是指挥体系和执行机制；后者，还包括演练、评估、改进的体系和机制。

没有把以上都写清楚的应急响应制度是不完善的，没有做到通盘考虑。

◆数据质量工程制度

黄金被掺了杂质还可以被提纯，数据一旦被篡改，如果没有校验备份，是无法还原的。必须从源头开始确保数据的质量，源数据质量保证了，才是有价值的数据资产，否则就是数据"毒丸"。

为了确保数据的质量，数据的标准化是基础。数字政府要下决心编制统一的数据字典，对所有的元数据进行统一、标准的定义。

一谈到编制统一的数据字典和定义元数据，很多人视为畏途，因为联想到千年虫问题的前车之鉴。千年虫问题，就是20世纪60年代，为了节省存储空间，程序员把表达年份的元数据定义为用两位十进制数来表示，结果当公元2000年来临之际，人们发现计算机将无法识别2000年和以后的年份，会把2000年识别成1900年，这可能导致全球计算机系统的瘫痪，尤其是工业控制系统的崩溃，因此引发了全世界的恐慌。

千年虫问题的教训，使得程序员有了这样的认识，就是编制统一的数据字典固然很好，但是单一的元数据定义往往局限性很大，一旦出现问题，所有系统都要纠正，成本太高，不如大家在一定共识基础上，各自定义自己的数据，相互公开申明，互联的时候做好转换就行。从编程角度看，这是比统一数据字典更合理的做法，然而从数据质量工程角度看，这是不可接受的。从编程角度看，和从数据质量工程角度看，为什么会有截然不同的矛盾的观点？因为对于编程来说，数据是程序携带的附属物，有程序才有数据，只要程序在，程序就可以对数据进行申明和转换；但是对于数据质量工程来说，数据就是一切，即使程序没有了，数据也必须能保证有效可用的存在。不过，现代互联网和软件技术的发展，已经提供了消除矛盾，使两者得以兼顾的办法。具体就是把数据字典设计成一个这样的多形态体：第一，它必须是一个传统形态的能够打印出来给非专业人士一条条查阅元数据定义的统一通用的字典；第二，它还是一个类似互联网域名解析系统的数据解析网络服务，统一的数据字典类似域名，个体的数据字典类似IP地址，两者通过解析服务实现一对一、一对多，或者多对多的映射；第三，它可以是一系列完成数据字典翻译功能的云服务，完成不同数据字典之间的对接，并把它们按照统一的数据字典加以表述后变成公用数据。

总之，现有的技术发展水平，对数据质量的迫切需求，以及实现以后的可观效益，结合起来完全可以促使我们下决心编制统一的数据字典，对所有的元数据进行统一、标准的定义。

有了统一的数据字典，接下来顺理成章的，就是要进行数据资源编目，也就是绘制数据资源分布地图，然后就是数据治理，也就是对数据质量进行多种形式的检查，形成督促整改的长效机制。

数据字典、数据资源编目、数据治理，这三者是循序渐进，也是动态同步的。数据字典保证数据的可读可用，数据资源编目使数据成为可调配的资源，数据治理把数据变成可估值的资产。对这三项工作的制度化表述就是数据质量工程制度。

数字政府的数据质量工程制度只能确保数字政府信息系统中的数据的质量。数据是流动的，如果从外部流入数字政府的数据的质量不能保证，数字政府的数据质量是无法独善其身的。所以，数字政府要在带头建立和执行数据质量工程制度的基础上，进而引领全社会数据质量的提升。

对全社会数据质量的关注，主要是对公共数据质量的关注。理论上，完全个人的数据，比如"我"编写的一个文档，拥有者是可以任意修改的，但是对成为公共数据的数据，或者说具有公共属性的数据，则需要确保数据质量。比如"我"的健康记录，如果仅仅是个人留存，"我"可以随便修改，一旦提交给医生作为病情判断依据，那就具有公共数据属性了，就必须保证它的真实性。

对公共数据的数据质量进行管控，必须上升到社会标准化的层面。要建立类似ISO 9000系列的数据质量管理体系，相应完善从评估、认可、认证、鉴定，到溯源、仲裁、救济、处罚，直到行业认定、职业资格等一系列标准规定。这是一个庞大的标准化工程，远远超出数据质量工程制度的范畴，在此就不班门弄斧了。

22. 资源管理：3 个清单

有了战略，就要执行，执行必然包括资源的投放。从资源的角度理解，一切事物，不论是人力、物力、财力、时间、空间，还是焦点、概率，都具备资源的属性，可以被认为是某种资源。所以，为了使战略执行更有条理，我们可以这么定义：战略执行就是对资源的选择性投放，战略执行中的决策就是对资源投放的方向、数量、策略进行选择和决定。上一节在采用 T^2SIR 方程式阐述战略管理时，已经考虑了与资源投放的结合。本节对资源管理进行讨论，是为了实现资源投放的有条理，从而帮助战略执行更有条理。

所谓条理，就是对一个事情进行这样的分解：一是这个分解的过程对于人的头脑来说是自然好理解的；二是这个分解的反过程，即把分解的结果通过归纳还原成一体的过程，对于人的头脑来说也是自然而轻松的。也就是说，条理是一种人们可以自如运用的，用于分解和归纳事情的逻辑。在《进化：大数据时代的常识与辩证》一书中，提到三步法、三段论是人们最舒适的思维演进方法，本节则讨论采用一种三分式的方法，对资源管理这个事情进行分解和归纳。这个方法启发自"小智治事，中智治人，大智治制"这句古话。

"小智治事，中智治人，大智治制"中，从小到大的关系，并不是从不重要到重要，而是思维空间从低维向高维的扩展。治人、治制的目的是为了治事，把从沧海横流安邦定国的大事到百姓身边柴米油盐的小事都办好，是"治"的目的。为了做好事，要用人，为了管好人，要立制，为了立好制，还是要实事求是。大智起于中智，中智起于小智。

千百年来，人们一直知道"治事、治人、治制"的道理，很多时候也确实做得非常好，长期稳定地向好做好却着实很难。其中一个原因就是有了正确的想法和做法，却没有技术上相配套的可靠的表达，导致这些想法和做法随着人与时间的流转逐渐失真。历史上有很多的战略故事，从始发的运筹帷幄、显慧睿智，到末端的手忙脚乱、眼困心迷，确实非常可惜。显然，如果能把这些想法和做法列成有层次、有结构、条理清楚的清单，像账本一样，在流转中就不那么容易失真了。在数字政府建设中，这点是可以做到的，所列用于表达治事、治人、治制的清单具体就是：一是督办清单，用来确保事事要有人负责；二是分工清单，用来确定人人要有事在身；三是制度清单，用来确立建章立制的系统性。

这三个清单既要足够细致，篇幅长度和层次深度也要适度，否则就不是用于执行的清单了，而是又一种繁书冗文了。如何把握这个度？很简单，就是要以战略执行者的"个人"需要为准，清单的篇幅长度不应超出他的运筹能力，层次深度不应影响他的调度灵巧性。

督办清单是给战略执行者使用的时间资源管理工具，分工清单是给战略执行者使用的人力资源管理工具，制度清单是给战略执行者使用的知识资源管理工具。三个清单都是给一个个的人使用的，只有这一个个的人能自如地运用，三个清单才能够保持户枢不蠹、流水不腐的生命力，在流转中保持鲜活不失真。

三个清单的形成，也是一个长期持续的常态运作和动态更新相结合的过程。一开始就要有一个足够好所以能足够稳定的框架，因为框架的更换是高成本的。一开始有了好的框架，之后任何的新的发展，不管是开启一个新任务、发现一个新问题、获得一次新教训、总结一次新经验，还是创立一个新品牌、产生一个新点子、探索一条新路径、尝试一种新模式，都可以很方便地、条件反射式地对应在对清单的修改上。

下面给三个清单各提出一个框架模板，谨供参考。

(1) 督办清单模板

××××年度"月督办清单"

（注：按月调整，强制按月做工作计划）

Version: ×××××××（注：一定要有版本号）

一、管理方面

（一）人事类（加注：隔月督办）

1.任务项1（报告人：×××）

要求：

具体任务：

上月进展：

下月计划：

2.任务项2

············

（二）财务类

3.任务项3

············

（三）××类

4.任务项4

…………

二、建设方面

（一）组织协调类

5.上级部署落实情况

部署1：……

部署2：……

6.文件落实情况

文件1：……

文件2：……

7.会议要求落实情况

会议1：……

会议2：……

8.考核准备情况

考核1：……

考核2：……

（二）基础工程类

9.任务项×

总体要求：……

具体任务：……

上月进展：……

下月计划：……

10.任务项×

…………

（三）重点应用类

/*××××类*/

11.任务项×：……

12.任务项×：……

/*××××类*/

13.任务项×：……

…………

三、××××方面

…………

（2）分工清单模板

××××单位各部门职责分工（纲要）

Version：××××××××

★：年度关键任务

1.部门A

收文办文：

…………

政策研究：

★×××××机制研究

本年度专项任务：

专项1：……

专项2：……

2.部门B

…………

n.部门×××

附一　部门分工与配合说明

（一）专项任务在不同阶段的分工与配合

1. 调查研究阶段：……

2. 专题规划阶段：……

3. 组织实施和深化发展阶段

（1）行政线：……

（2）业务线：……

（3）技术线：……

（4）安全线：……

（二）关于项目采购的分工与配合

…………

（三）关于会务工作的分工与配合

…………

（四）关于接待工作的分工与配合
…………

（五）分片联系机制
…………

（六）文件办理与会签
一般情况下：……
其他：视情。

附二　相关制度
岗位培训和承诺书制度：……
岗位AB角制度：……
轮岗制度：……
部门职责管理和调整制度：……
……………

（3）制度清单模板
总目录
…………

制度1
制度在体系中路径：……
制度标准名：……

制度通用名：……

版本号：……

文档编号：……

发布时间：……

生效时间：……

有效期间：……

修订说明：……

要点和说明：……

执行责任部门：……

监督部门：……

发布和公开程序：……

培训程序：……

检讨程序：……

修订程序：……

制度2

…………

制度n

…………

23. 风险管理：1 张问题列表

用漫长的历史准绳衡量，决策的首要任务是防止最差结果的出现，从而让时间站在自己这边，然后才是在此前提下不断逼近最优结果。

风险管理就是这样的首要任务，它通过防患未然，防止最差情况的出现。如果某个最差情况的出现在概率上是不可避免的，那就要预备果断机变的策略，把危险转化成触底反弹的机遇。

关于风险管理的教科书很多，从风险识别、风险控制、风险跟踪，到规避风险、自留风险、转移风险等，详尽地介绍了关于风险管理的理论体系和实施方法。它们为我们提供了全面、深入、系统、完备的知识储备，但是对于直面风险和潜在风险的每个人，显然太"重"而"滞"了。我们需要一个简单称手的工具，帮助我们无论是防微杜渐地常抓不懈，还是亡羊补牢地持续改进，或者与风险在电光石火之间短兵相接时，都能做出合适的、和越来越合适的判断决策。而问题法，即自己反问自己问题的方法，是最简洁易行的方法。相应的问题列表，就是最简单称手的工具。

具体这样做：一是列出关于风险的问题列表，判断哪些是每天自问的，哪些是每周、每月、每季度、每年自问的，坚持"吾日三省吾身"；二是持续地完善问题列表，把所有的点子、经验、教训、他山之石积累其中；三是努力地使列表更有条理、更加简洁，问题列表的每次更有条理、更加简洁的变化，就是认知水平和风险管理能力的提高。

　　下面给出数字政府领域的一些关于风险的问题供列表时参考。其中有些虽然不直接导致风险，但日积月累、相互纠结也会发展成为重大隐患，应该采用问题法定时审视。

　　/*关于现状*/

有没有形成风险扫描机制并有效执行，尤其是法律、舆情和廉政风险？

　　泛在网络、大数据、人工智能的当前发展有没有导致以前依赖的常识和逻辑不再适用，出现了常识错误和逻辑断裂？比如大家习惯的"可以公开就普遍公开"的做法，在人工智能时代是很危险的，因为公开信息加上人工智能就可以合成出涉密信息了。

　　哪些底板没有绝对把握？系统突然大崩溃了怎么应对？

　　怎么知道是否发生了数据泄露？如果发生大规模数据泄露怎么办？

　　/*关于管理*/

系统开发、运维和代码管理是否有保障，是否处于可控范围？

行政线、业务线、技术线、安全线是否都平衡兼顾？还有哪些短板？

是否满足于事务性的进步，没有取得不可回退的进步，甚至习惯了没有进步的重复踏步？

到底哪个是关键应用，甚至根本就没有哪个是真正的关键应用？哪些应用可有可无？哪些投入是低效甚至无效的？

哪些环节是不创造价值的冗余环节，只是某些部门存在的理由？

/*关于人文心态*/

是否陷入技术迷信，自我陶醉于某些新技术而失去了全局观念，表面上了新功能，其实还不如过去，成了花架子和噱头？

是否陷入"唯信息化陷阱"，表面高度重视信息化，实际是把非信息化的责任推卸给信息化，导致信息化不堪重负？

角色设计合理吗？每个角色的责权利和分工制约合理么？原动力机制科学吗？

是否有骄傲自满、唱独角戏的倾向？比如忽视了社会的参与和市场的作用，漠视部分人的体验和需求，自以为是，闭门造车，不开门听意见，不出门学习，不集众人之议，不汇众人所长。

有没有保持创新的势头？有没有持续地全面地对设计进行优化？

/*关于未来*/

眼前纠结的问题是问题吗？会不会小系统下我们认为是问题的问题，在大系统中其实就不是问题了？

下一代技术革命来了怎么办？系统会不会迅速折旧，或者无法迁移？

明天最可能出现的问题来自何方？面对未知，准备好了吗？

等等。

对所有的问题要分门别类，赋予层次结构，要进行线性编序，以便于采用快速遍历的方式进行"自问"。"自问"分两种，一是个人的自问，二是集体的自问。鉴于互联网上发展变化的速度之快，前者开展的频度一般不应少于每周一次，后者开展的频度一般不应少于每季度一次。能不能确保这个频度，是检验问题列表列得好不好的金标准！好的问题列表，自问一遍会有醒神开窍、醍醐灌顶的感觉，会自然而然地坚持下来。

由于认识和能力的绝对有限，对风险的防范永远存在失算、失控的风险，所以永远要保持对全局的深刻洞察，避免失明，坚持兼听则明，避免失聪。以问题列表作为载体，作为抛砖引玉、群策群力的平台，可以很好地集中大家的智慧，并变成明确的风险提示，进而形成明确的防范举措。

24. 细胞：131 模型和田窗格

以上1个用于战略管理的T^2SIR方程式、3个用于资源管理的清单、1张用于风险管理的问题列表，集合起来就是一套面向执行的单元机制，或者说是一种构成组织的细胞机理。为了便于表述，下面把它们合称为"131模型"。

131模型中，所有的文字和符号的表达就是它的码。同层级的细胞单元之间对131模型的传递，叫作复制；上下层级的细胞单元之间对131模型的传递，叫作重构；今天的细胞单元和明天的细胞单元之间对131模型的传递，叫作接续。在传递中适当地改变，不断地优化，张弛有度，就构成从单个细胞单元到整个组织体系的活力机制。

前面对131模型的讨论，是呈树状展开的，从本章的目录可以很清楚地看出这点。这树状结构就是131模型的型。当然，这个型有点复杂，为了更便于理解和讨论，我们需要一个更简洁的型，也就是图2所示的"田窗格"。

图 2　131 模型的田窗格

田窗格是对131模型的简约概括。它用图形方式表达这样的执行机制和组织机理，即以问题为导向，以战略为指引，以制度为基础，以分工和督办抓落实。

田窗格对131模型的概括是粗糙的，但是它容易记忆，令人印象深刻，方便表达，不容易变形失真，能在长链条的演化中起到很好的纠正偏移的作用。这就类似数字化的作用。数字化把模拟信号进行A/D转换变成数字信号进行传输，仅仅看A/D转换这个环节，信号是失真了，但是在这个环节的失真却保证了在之后漫长复杂的传输链路中，信号可以不继续失真而100%准确地传递。

有了码，有了型，131模型就成了执行单元的基因模型，执行单元就演进成了具有基因的细胞。在内部，这个细胞是有结构的；在外部，这个细胞从属于一个组织。这个组织的所有细胞之间的基本纽带是它们都来自一个同样的基因。

25. 成长：链式连接与转码创新

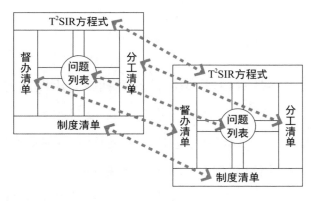

图3　田窗格之间的链接

细胞单元采用田窗格建构，多个细胞单元通过基因级别的紧密耦合、即田窗格之间的联系进行链式连接，构成结构化的组织，如图3。这种联系可以是横向的，或者说平级的，可以是纵向的，或者说层级的，可以是二维结构，也可以是更多维度的结构，还可以扩展到时间维，即把前后接续也作为一种耦合联系。通过对联系的不同定义，可以在保持紧密耦合的同时，灵活地改变组织结构。

如果我们这样定义，"在保持型不变的同时，允许码的变化"，这种允许变化的定义就能推动组织创新。这种变化有些类似自然界中的基因变异，不过，对组织而言，更准确的表述是在执行中结合实际创造性地解码和转码。这些创造通过网络学习的方式相互借鉴，其中有生命力的部分经过实践选择传播开来，就成为创新的源头，成为组织新的基因代码。

26. 进化：人机融合的数字政府

本质上，基因式是为领导者服务的工具。

一是实现组织的规范化，服务于管理的工具。基因式采用131模型和田窗格，实现组织的结构化和具体事务的可查可控，为管理打下一个扎实可信的基础。压力传导、责任传递有了一个清晰的路径，领导者可以有的放矢进行问责，进而得以超脱于具体事务，把更多的精力用于对宏观、系统、整体、协同的管理。

二是推进组织的智能化，服务于指挥的工具。指挥的责任，包括理解任务、分解任务、分配任务、防范风险等。要做到理解任务全面而又有前瞻性，分解任务细致而又分轻重缓急，分配任务界面清晰而又不留盲区，防范风险有备无患、万无一失而又成本可控、应对有法。基因式力求构造一个精细、智能的组织，使得领导者既能够有效掌握细节，又可以避免陷入执行细节，从而可以针对目标进行如臂使指般灵巧自如的指挥。

三是激发组织的微活力，服务于创新的工具。创新是向未知领域的进军，不创新，就会失去未来。创新要成为集体的行为，"上下同心，其利断金"。基因式的组织方式，通过对"小、微、隐"的选择和发扬，推动有益创新的复制传播，既是快速迭代有效率的，又是循序渐进有章法的，还是全面系统可持续的。领导者既得以激活组织中每一个单元的创新活力，又能够有效地把握整体创新的方向，避免在探索中触发全局性的风险。

有必要指出的是，131模型针对组织单元进行建构，并没有细化到具体的自然人，但它也很容易推及对自然人的规范管理。只要在131模型的基础上，对每一个人加以一个工作日历进行进度管理，再加以一个工作手册进行责任细化的管理，就能做到这点。当然，对是否要做到这种极限式的管理，要以人为本，实事求是，因地制宜。

基因式作为一个为领导者服务、供领导者使用的工具，它的工作原理是"焦点扫描+系统视图"。

焦点扫描，就是把领导者对管理、指挥、创新所要思考的内容数字化、离散化，提炼成为一个个需要关注的焦点，把思考的过程转变成对这一个个焦点进行扫描式审视的过程。131模型中，战略管理就是领导者统筹谋划阶段需要扫描的焦点，资源管理就是领导者下达执行指令阶段需要扫描的焦点，风险管理就是领导者自省反思阶段需要扫描的焦点。对管理、指挥、创新的思考，是永无止境的耗尽领导者脑力的劳动。把思考的过程变成对一个个焦点的扫描，能够大大降低这脑力劳动的复杂性，熟练了以后，甚至能够产生思维跳跃和灵感闪烁的乐趣。这就是基因式作为工具最直接的优点，即它能够有效降低领导者脑力劳动的强度。

系统视图，就是关于系统的全景视图。焦点如同一个个像素，它们集合起来就构成了视图。131模型中，通过构型赋码，把数字政府这个复杂对象，先分解、提炼焦点，再归纳、集合成直观的结构化的全景视图。基于这个全景视图，进一步地辅以可视化的数据展示，以及在调查研究中锤炼的想象力，领导者可以形成和数字政府的融合体验。这种融合体验的价值在于能成就系统级别的人机一体，从而融合主观标准和客观标准，有效地避免单纯用数字指标衡量数字政府带来的体验落差问题。比如，对于"什么是一体化的数字政府？"这个问题，不论用什么数字指标衡量评判都难免不切要领，只有在长期深入地使用数字政府的全景视图，形成人机一体的融合体验之后，领导者通过自我认知做出的评判，才是"金标准"。到那个时候，回答将很简单："领导者觉得一体化了，这数字政府基本就一体化了；领导者觉得没有一体化，这数字政府肯定就还没有达到一体化。"

　　对工具的使用会改变使用者本身，使用者也会发挥自己的主观能动性去改进工具。基因式的工具，从焦点扫描、全景视图、融合体验，到问题导向、效益驱动、系统工程，以及基因式的创新、复制、传播的方法的运用，是为了把数字政府打造成这样用途的工具，即实现领导者和数字政府的共同进化。

第八章　行的执念

27. 能效

基因眼里的世界，没有永远，只有持续。在新陈代谢中没有永生的细胞，但是通过循环迭代，生命得以持续。在循环迭代的机制中，能效是决定性的。能效为正，循环迭代就能保持级数增长；能效为负，循环迭代就会陷入停滞乃至消亡。很多方法，纸上谈兵说得很好，过不了能效关，一接触实际就被打回原形。

服务社会治理的工具，同样如此，能效是决定性的，能效为正的治理不一定意味着马上见效，但是会朝有效的方向演进。

有时，我们用经济这个词来表达社会治理中的能效。大量的治理行为，尤其是对治理方式进行调整的行为，例如"政府做一部分，市场做一部分，人工智能做一部分"的三合一的信用服务，表面看并没有直接增加创造什么，但是通过少浪费、更高效而提高了社会治理的能效。

基因式设计的特点，就是链条很长，如果能效很高，会形成很壮观的链式反应。然而，在宇宙中，一切事物的能效都是受限的，这链式反应的条件极难成立。北极旅鼠是世界上繁殖力最强的动物，它们一年能生7—8胎，每胎可生12个幼崽，幼崽只需20多天即可成熟并开始生育。每年3月到9月的繁殖期，减去由于疾病和天敌捕食造成的减员，一对旅鼠可以轻松繁殖出60万个后代。照此速度，只需要15年，一对旅鼠的后代就可以密密麻麻地塞满100亿光年直径的宇宙，这就是链式反应带来的指数增长的威力。由于时空限制，比如资源有限，旅鼠不可能有那么多吃的，气候限制，旅鼠不可能迁徙出北极，物理规律制约，旅鼠不可能离开地球，等等，使得这指数增长不会发生或者只会以缓和得多的速度在极受限的小范围内发生。同样的道理，基因式的社会治理方式，人类历史上肯定尝试过，但是受到时空环境的诸多制约，没有形成教科书式的非常典型的成功案例。

具体到第七章讨论的面向数字政府的131模型的基因式设计，从信息能效方面看，就有两大短板：一是要求传导的信息太多，每个细胞单元需要处理的信息量太大，如果依赖人工手段，传导和处理的能效很容易落入负值区间；二是链条一长，在转码创新中，很容易发生失真，差之毫厘，谬以千里，最终造成码的模糊和事实上的型变。但是，现在有了100%的计算机网络的覆盖，依靠数字通信和软件进行信息的传导和处理，传导和处理的能效得以确保。同样，依靠协同软件和人工智能进行无缝隙的交互和检查，能够迅速地纠正转码失真，防止失真的传导扩散。总之，没有现代的计算机网络，131模型过不了能效关，一旦有了现代的计算机网络，短板变成了潜力板，131模型就有了现实的价值。

28. 感知

感知，包括感觉和知觉。

感觉是事物作用于人的感觉器官而产生并通过神经系统传递的信息，具体包括眼睛因光的作用而产生的视觉、耳朵因声音的作用而产生的听觉、鼻子因气味的作用而产生的嗅觉、舌头因味道的作用而产生的味觉、皮肤因机械力的作用而产生的触觉，以及这五种感觉之外的第六感觉。第六感觉是一个宽泛的统称，它的定义尚在发展中，包括了人的直觉、人的体内感觉以及对电磁场的感觉等等。

知觉是感官产生的信息通过神经系统传递到大脑后，大脑把它们和大脑中已有的信息、知识结合，进行分析，组织出的对感官产生的信息的解释。

感觉往往是片面的，所谓"管中窥豹，可见一斑"，这"一斑"指的就是感觉；知觉更加全面，所谓"窥一斑而知全豹"，这"全豹"指的就是知觉。

感觉和知觉合起来，就是感知。感知又包括对外和对内两个范畴。

对外范畴的感知，就是人对外部环境的感知。它本质上就是人对时空坐标和时空存在的判断，主要包括：时间知觉，即对时刻、时长的判断；空间知觉，即对大小、形状、存在物属性的判断；运动知觉，即对距离和速度的判断，又分为绝对运动知觉和相对运动知觉。

对内范畴的感知，就是人对人体自身的感知。其实人体本身就是人对自身感知的结果，它既是生理上的一个物体存在，也是心理上的一种主观判断。所以，对内范畴的感知，既包括对人的生理性的感知，也包括对人的心理性的感知。

外部和内部范畴的感知是相互结合的。比如针扎而产生的痛觉，既包括了人的皮肤对外部针扎这个因素的感知，也包括了人对针扎造成的皮肤内部细胞伤害的感知。在某些情况下，相互结合会变成相互混淆。比如医生戴上橡胶手套做手术，手套是不是合手本属于人的对外感知，可一旦舒适得习惯了，这手套似乎又成了新的皮肤，成为人对内感知的一部分。

感知是人与生俱来的生理和心理活动，是人适应自然、生存繁衍的需要。相对来说，人在安静的时候，对感知的需要不是那么强烈，甚至，有时候人们还会通过刻意的安静隔绝外部感知和减少内部感知，以更好地探究超自然，以及"我"的存在。而人在行动中，就特别需要感知，而且是敏锐的感知，否则就是盲动。这感知的敏锐不仅是对外的，比如跑步时要时刻观察路况，也包括对内的，比如有本体感觉障碍的人，就由于无法保持手脚协调而难以跑起来。

对于跑步这些相对简单的行动，感知敏锐就足够了。对于一个组织可能要进行的复杂的行动，感知就不仅要敏锐，还必须真实，不仅要真实，还必须全面，而且这敏锐，真实和全面还必须同步。然后，当今天的我们幸运地有了高速计算机通信网和大数据，以为可以一揽子解决敏锐、真实、全面以及它们之间的同步问题的时候，新的问题产生了，那就是感知信息的爆炸带来的大脑不堪重负的问题。一旦不堪重负，大脑为了保护自己不被耗竭，就不得不对信息进行选择，这是一种策略性的"进化"，带来的是"钝化"的后果。就如同一个儿童，在获得大量的经验而长大成年以后，会失去童年时的感知活力。成熟和迟钝，有时候就是如此接近。人工智能能够缓解一点危机，可它只是把相机做成了傻瓜相机，并不能提高审美能力。

131模型的基因式设计能改进组织感知能力，而且通过条理化来降低大脑的负担，从而避免大脑因不堪重负而选择性"钝化"。131模型的条理化还是可以自我调节的，通过基于自我感知的自我调节，能进一步为大脑创造更舒服的细节。

29. 知行合一

知行合一在理论上是很容易理解的，在具体实践中又是很难做好的。

首先，知行合一在理论上是很容易理解的。稍加思考，我们就能明白，它是认识和实践在互动中自然产生的归纳和演绎。归纳要使归心，即能为自己灵活运用；演绎要至顺变，即符合实践中的千变万化。它是反复的循环，大周期循环中嵌套着小周期循环，之间又相互交叉。循环中，知行互为前提又互为制约，很多时候，两者之间的关系又像一个独立的第三者出现在互动里。

　　然而，知行合一在具体实践中又是很难做好的。知和行毕竟是两种活动，在每个具体的时间点上，是选择知还是选择行，这个决断并不容易。越是有知行合一的理性，就越容易陷入"布里丹的驴子"式的选择困难。一旦陷入选择困难，却又知道自己必须做出决断，否则就会像"布里丹的驴子"一样饿死，人们就会进行掷骰子式的随机选择，进而为这种选择找一个貌似理性的借口。选择知的人们，会强调知的重要，即使对行也是重要的；选择行的人们，会强调行的重要，即使对知也是重要的。两者又会共同强调相互结合，即知行合一的重要。按照这种演绎，知和行的分工将发展到专业化的高度，知行合一就成了知和行在高度专业化水平上的合作。这似乎很合理，却有偷换概念之嫌。合作不等于合一，专业分工不等于劳动分工。知和行一旦形成了专业分化，必然或者陷入空想的愉悦，或者陷入行为的偏执，把知、行这本应互动为一体的双子，变成了矛盾的两面。

所以，我们不能用掷骰子式的随机选择，逃避选择困难，不能在理性已经为我们选择了正确后，我们又在行使选择中放弃了理性。这就需要找一个既是知行合一，又比知行合一更简单易行的阐述。显然，如果要追求普适，确实没有比"知行合一"这四个字更简单易行的关于知行合一的阐述了，但是，在某一个特定的时代背景下，可能有更容易实践的答案！比如，在今天的互联网创业中，面向问题，果断迅速的行变得更重要了，而知成了行中的触类旁通，及在触类旁通基础上的成竹在胸。所以，在互联网时代，如果感觉自己的悟性难以达到真正知行合一的高度，那就无妨把知行合一当作一种状态，一种在行的执念中达到的状态。这行的执念就是："执着前行，念念回想。"

后记：串珠成链

善假于物

先秦的荀子在《劝学》中写道："吾尝终日而思矣，不如须臾之所学也；吾尝跂而望矣，不如登高之博见也。登高而招，臂非加长也，而见者远；顺风而呼，声非加疾也，而闻者彰。假舆马者，非利足也，而致千里；假舟楫者，非能水也，而绝江河。君子生非异也，善假于物也。"

每件事或者物，都有它作为自我的目的，这是其一；为了实现这个目的，它需要运用其他事物作为假物，也就是工具，它是这些工具的产品，这是其二；同时，它又是其他事物实现自我目的的工具，这是其三。也就是说，任何事物，都具备三重属性：自我属性、产品属性、工具属性。类似的，任何一个事物所达到的现实，都要经历一个过去的桥梁才能到达，而这个现实又是通向另一个未来的桥梁，桥梁就是工具。

所以，对于哲学上的所谓终极三问"你是谁？

你从哪里来？你到哪里去？"，也可以演绎为"你是什么？你是什么工具的产品？你是什么产品的工具？"，或者演绎为"你现在是什么？你是什么过去的产品？你是什么未来的工具？"。

比如《红楼梦》，它是一部古典名著，一部关于封建社会的百科全书；它是曹雪芹运用语言创造的产品，展现了明清封建王朝中叶的社会百态，讲述了自己的经历和悔悟；它也是创造语言的工具，创造了一种市井白话的表述方式，创造了一套意象化的用于表述的人物。

又比如《卡萨布兰卡》，它是一部电影，它是优秀的故事、优秀的演员加上专业的制作而共同创造的现象级产品，它又是一个创造意境的工具，这个工具通过激发人们错误的浮想而创造出一个真实煽情的意境。这个意境包括电影《卡萨布兰卡》、歌曲《卡萨布兰卡》，以及那座本名达尔贝达、别名卡萨布兰卡的北非名城。为什么说是错误的浮想？因为电影《卡萨布兰卡》并不是在达尔贝达拍摄的，而歌曲《卡萨布兰卡》也不是电影《卡萨布兰卡》中的插曲。但是这错误有什么关系呢？成千上万的人们即使被告知这点，依然会痴心不改地逐梦其中。

人类的思维活动，就是对事物的自我属性、产品属性、工具属性的挖掘。这三者中，最具有生产力意义的是对工具属性的挖掘。一切关于自然科学的知识，初级阶段是来源于对自然的观察，比如关于质量和密度的认识；中级阶段是科学研究的产物，比如关于元素周期表和电磁学的认识；高级阶段则是科学对自己工具属性的觉醒性突破，比如关于波粒二象性的认识，就如"上帝说要有光，于是就有了光"一般。

今天，人人都知道互联网是一个强大的工具，可对互联网的工具属性的挖掘还远远不够。就比如对于写书这个事情，有互联网作工具，作者可以大量查阅资料，可以通过电子商城卖书，可以发行多媒体版的电子书或者有声读物，可以建立读者群按需连载，可以用大数据挖掘分析给读者画像并进行精准推荐，甚至可以用人工智能写书……这些挖掘并不充分。对于写书来说，互联网还有更深刻的工具属性，那就是互联网改变了书的定义。传统的写在白纸上的书，是文字的集合，每个文字以及文字组成的词语，尤其是其中的专有词语，有它特定的含义。读者通过搜索记忆（这记忆往往是死记硬背形成的）在脑海中"弹现"这些含义，集成起来形成对全书的理解。传统的读书，是读者和书两者的交流。而在互联网上读书，表面上看到的仍然是文字的集合，但是由于文字和词语的含义可以由浏览器按需自动"弹现"，以及读者可以随时根据链接或者使用搜索引擎去查找相关的资料，所以书已经变成了读者与互联网上海量资料打交道的中间渠道。在互联网上读书，是读者、书、互联网三者的互动，读者通过书的引导去接触互联网的泛在知识背景。每一本书仍是文字的集合，更是一个收纳箱、一个书架、一个菜谱、一个线索、一个链条，是一个响应某种需求的知识集成系统的门户。

每一种先进的生产力，都是生产者用于发展生产、改善生活的工具，然而生产者不能仅仅停留在善于使用先进生产力的层面，还必须挖掘这先进生产力在改变生产者自己方面的工具属性。只有善于用先进生产力改进自己，才能真正地驾驭先进生产力。与先进生产力打交道的人，如果长期下来自己却没有改进，那只有一个解释，就是他不是生产者，而是消费者。信息化领域的工作者，在互联网已经普及20年后的今天，如果还迷恋于不断的技术升级，以及喋喋不休地提出制度供给的需求，那只能说明他们已经不再是锐意前行的创新者，而已经沦陷于对技术和制度的消费主义中了。

　　所以，在挖掘基因的工具属性时，我尝试把它的概念和对它的基本属性的认识，作为改变自己思维的工具。很喜人的是，基因确实是一个很好的启发思维的工具，是一个好的"格"。一旦采用了基因的观点，一些美妙的想法就油然而生，而在表述这些想法的时候，基因又如同一条红丝线，把这些想法串珠成链，形成有条理的体系。

　　工具的高级阶段是机器，机器的高级阶段是流水式的生产线。原料从生产线这一端放进去，产品就从那一端出来了。这就是这本书所追求的，它希望成为有用于思维和思维过程的机器。对某些问题，带着它们按照这本书推演一遍，就好比把原料塞到生产线里走一趟，解决问题的思维导图就如同产品一样出现了：这就是本书的应用场景。

胜负中盘

　　俗话说："赢在格局，输在细节。"格局是对宏观的把握，细节是对微观的把握。很自然地，我们会想到，在宏观和微观之间，是不是应该有一个中观？中观是宏观和微观之间的枢纽，是"腰"。把握格局就好比下围棋时候的开盘布局，把握细节就好比精算收官，而把握中观就好比逐鹿中盘。所以，完整的说法应该这样："赢在格局，输在细节，胜负中盘。"

中盘的关键在组织，或者说中盘就是组织。现代组织学把一切经济、政治、科技、社会行为归结为组织的行为，这种归结其实并不适用于讨论格局和细节，但是对讨论中盘是适用的。

怎么组织？什么是成功的组织？古人认为就是要做到"物尽其用，人尽其才"。这个说法着重于组织要达到的结果，忽略了组织形成的过程。

组织是一种过程输出的产品，是在一种方法作用下通过过程而形成的。这种方法就是用物、用人作为资源，在某种思路指引下去设计一种结构和机体，形成组织。

人类社会已经发展了这么多年，立足人的各种属性，包括各种动物性、人性、社会性形成组织的学说已经极大丰富，到了内卷的阶段。任何一种场景下，我们都能够找到不止一个打动人心的学说，困难在于你能不能选对，以及能不能正确地实践。不过，由于科技创新还在大道上狂奔，丝毫没到内卷的程度，所以与新科技结合，包括思想上的触类旁通和工具上的兼收并蓄，是一个避免内卷的好办法。

本书讨论的内容，T^2SIR方程式也好，131模型和田窗格也好，基因式设计也好，就是与新科技结合，与新科技触类旁通、兼收并蓄的针对中观场景的工具。它们当然不是普遍适用的，只是适用于一些比较复杂的需要分布式智能的组织。

本书之所以建议"既要有型，也要有码"，是为了容易理解和记忆。如果有唯一，这就是唯一的理由。在这个指数传播的时代，这也是最大的优势。造型，是为了让信息在人的脑海中、在人与人的沟通中畅流；赋码，是为了让信息在计算机的帮助下，在人的脑海中、在人与人的沟通中更加畅流。型码结合，就是一个以人为本的理解、记忆以及传播的模型。

本书讨论的基因式设计，立足于这样的分工，即中观面对的是"事、人、法"，宏观面对的是思想，微观面对的是刻度。基因式设计把组织形成过程模拟为组织细胞的基因建构和传递过程，在基因建构中上承宏观格局和思想，下接微观细节和刻度，在基因传递中保持组织内部的贯通，以及细胞单元的适应、进化、创新能力。

设计是系统化的观点，观点是语言的表达，表达是需要工具的。设计是运用语言表达工具表达出来的系统化的观点。全新的设计需要全新的语言表达工具。

  量子力学奠基人、诺贝尔物理学奖得主狄拉克为了表达他的观点，创立了狄拉克符号法。1930年5月29日，狄拉克写下了《量子力学原理》序言的最后一段话：The symbolic method, however, seems to go more deeply into the nature of things. It enables one to express the physical laws in a neat and concise way, and will probably be increasingly used in the future as it becomes better understood and its own special mathematics gets developed. For this reason I have chosen the symbolic method, introducing the representatives later merely as an aid to practical calculation. This has necessitated a complete break from the historical line of development, but this break is an advantage through enabling the approach to the new ideas to be made as direct as possible. （但是，符号法看来更能深入事物的本质，它可以使我们能够以简洁明了的方式表达物理规律，很可能在将来，随着它变得更为人们了解，以及它自身的特殊数学得到发展之时，它将会越来越多地被人们采用。正因为如此，我选择了符号法，这之后引入的表达式只是为了帮助实际计算。这样，就需要完全脱离历史的发展路线，但是，这种脱

离是一个优势，它使我们对于新概念的了解变得尽可能直接。）

借用狄拉克这段话的语式，就可以说出本书提出基因式设计的执念在哪了："基因式看来更能深入组织的本质，它可以使我们能够以简洁明了的方式表达传播规律，很可能在将来，随着它变得更为人们了解，以及它自身的社会实践得到发展之时，它将会越来越多地被人们采用。正因为如此，我选择了基因式，这之后引入的对数字政府的探讨只是为了帮助实际运用。这样，就需要完全脱离历史的习惯视角，但是，这种脱离是一个优势，它使我们对于新环境的适应变得尽可能直接。"

我写的，全是错的

这本书是工具，或者说一些工具的集合。它们都不是专用工具，而是经验认识的归纳。我为什么只归纳这些经验认识？答案很简单，因为我只有这些有限的经验认识。不过，你可以把这本书当成一个仍有空间的收纳箱，在它提供的框架基础上，扩展收纳自己的经验。

这本书也可以成为一张展开思考的导图，不过因为它的有限，更多时候，你只好把它作为思考的底图用。这本书还可以成为一本展开行动的手册，不过还是因为它的有限，更多时候，你只好把它作为带格式的笔记本用。

工具是给人使用的。工具不能选择使用者，使用者有正确选择工具的责任。任何工具的使用都是有成本、有利弊的，除非只是把它作为益智玩具，使用者在做出选择之前要权衡成本和利弊。

使用者的思维不应被工具卵翼。对工具的批判，也是推动思维进步的动力。在这本书里，基因是思维的工具，基因是格，基因也是线，但是并不仅仅如此。如果如此了，那就是固化了，那就陷入专业的内卷了，我们的知就到了无奈的尽头了。

大脑的思维能力不决定于脑细胞的数量，而决定于突触的多少：也就是说，碰撞才有思考。很多解决问题的办法，并不能直接解决问题，只是让解决问题的人多一些思考中的碰撞。同样，在我们埋怨某个理论与实际脱节，不能解决现实问题的时候，可能是冤枉了这个理论，因为这个理论本来就是用来锻炼人的思考能力，而不是用来直接解决问题的。本书为思考中的碰撞提供了开放的舞台，它不封闭，也不成熟，希望将来也是如此。

　　美国创造学家罗杰·冯·奥奇指出："避开我们固有假设的一种方法，就是在遇到熟悉的问题时，忽略或'忘记'头脑中最先出现的正确答案。"所以，当有一天，这本书的内容成为面对问题时的固有假设之一时，我希望它们被忽略和忘记。

　　解决问题没有普适的工具，只有因地制宜。再完备的工具箱，在复杂的实践中，也是不足的。教室里是象牙塔，教室外是充满问题的生动的世界。如果僵化使用教室里的课本，比如这本书，那就是错的，那还不如把这本书当成错误的书来读，造成的灾难更少。

　　走出教室的世界，每一天都是新的，它终究是新的。为了这一天，我要说："因为是不等于等于，所以我写的，全是错的。"正如为了那彼岸，我要问："我们渡过的是河，是舟，还是一个心世界？"

附：新加坡电子政府考察报告

（2012年9月）

编者按：2012年6—8月间，我参加了为期两个月的"第四期广东省公务员新加坡公共政策专题研究班"，这篇报告是我的个人作业，或者说结业论文，原标题为《电子政府：善治的选择——新加坡电子政府建设对广东的启示》。2012年与今天的差别是很大的，这期间，移动互联网从小到大，智能手机成了人们身体的一部分；大数据、区块链、数字孪生、元宇宙等新概念新技术新应用从萌发到流行；电子政府、电子政务、政务信息化等三个词的含义逐步趋同，融合入数字政府这一新提法。清楚了这些差别，过滤掉这些差别，2012年的这篇报告的观点就仍然有经过时间检验的现实意义，能填补本书在数字政府概念阐释上的空白。

"创造力就是连接。如果你问一个很有创造力的人他是怎么做到某件事的，他会觉得很不好意思，因为他并没有做什么，他只是看到而已，感觉到自己所走的方向，前方自然变得明朗起来。因为他能连接生命中的各种体验，然后把它们组合成一种新的东西。他们之所以能这么做，是因为他们有更多的经验，或者他们对自己的经验思考得更多。"

——史蒂夫·乔布斯

新加坡国家虽小，但是具有丰富的政治、经济和人文的内涵，在政府治理方面尤为精彩。本报告从实用的角度出发，围绕电子政府专题，把在新加坡培训期间的所闻所见所想加以汇总，试图采撷其中的精华加以连接，希望有助于回答、关注、解决广东电子政务建设中的问题。

一、新加坡：善治的政府

新加坡是一个小国，自然资源匮乏，1965年独立时，经济萧条，失业率高达10%。经过几十年努力，1996年新加坡跻身世界发达国家行列，2011年人均GDP达到49 271美元，超过美、日、德，居世界第13

位，国家竞争力排世界第2位，仅次于瑞士。

（一）新加坡政府的治理理念

在新加坡，我们可以看到丰富有效、体系化的治理理念，比如：

——高度重视廉政。人民行动党高度重视廉政，从执政之始就对腐败采取零容忍态度，彻底改变了当时盛行的腐败风气，其政府廉洁得到世界的公认。在透明国际历年公布的清廉指数排名中，新加坡一直都位列前五名，2002—2011年更连续10年被PERC政经风险咨询组织评为第1名。有必要指出的是，新加坡贪污调查局一共才100多名职员，相较香港廉政公署1200多名职员，新加坡用更低的成本实现了廉政的效果。

——有限政府。大量公共服务通过社会组织和企业提供，政府集中精力做好监管。比如新加坡地铁全部为政府投资建设，通过招标的方式租赁给公司运营，政府从公共利益的角度制定法规并严格管理。2011年12月15日、17日，SMRT公司运营的地铁线路出现两次停驶故障，政府根据快捷交通系统法令第19节条文，分别给予SMRT公司罚款100万新元（新加坡货币单位，1新元约为人民币5元，下同）的严厉处分。

——数据考核。以细化可信的数据指标作为决策和考核的依据。比如，大专学院在学生毕业后的第3、6、9、12个月会进行就业统计调查，了解其就业、薪酬等信息，统计数据交第三方机构按10%比率抽查审计后公布，以此考量该专业的价值。又如，新加坡把公共交通2020年发展规划的指标细化为：人们早晨高峰期乘搭公共交通的比率从现今60%提升到70%，乘坐公共交通在60分钟内到达目的地的比率从现今71%提升到85%，平均路程耗时从现今是私家车的1.7倍降到1.5倍。

——福利制度不养懒人。新加坡认为最好的社会保障是充分就业和抑制通货膨胀，以公积金制度为核心的社会保障体系的设计依次是：（通过工作、教育、储蓄）自力更生→家庭→社区→社会→政府。为了保证就业，在经济危机期间，政府通过调低公积金缴纳比率等措施即时降低企业负担，换取企业少裁员；并通过政府补贴员工离岗培训，鼓励企业留住员工。为了控制通货膨胀，新加坡长期奉行坚挺的货币政策，通过产业转型升级来促进出口。

——花园中的城市。新加坡把绿化作为国家战略，视其为新加坡招商引资的重要竞争优势。李光耀曾说："来访的执行人员做出投资决定之前总要先来找我。我认为，好好保养从机场到酒店和到总理公署的道路，在两旁种满灌木和乔木，使道路整洁美观，这是说服他们进行投资的最佳办法。他们驾车进入总统府的范围，便会看到市区中心这一片占地90英亩、由起伏的草地组成的绿洲，其间是九洞高尔夫球场。我们一句话也不用说，他们便知道新加坡人民能力强、有纪律又可靠，很快就能把必要的技能学上手。"（李光耀著：《经济腾飞路——李光耀回忆录(1965—2000)》，外文出版社，2001年9月，第66页）

——如此等等，不一而足。

（二）新加坡政府治理取得的成效

新加坡政府治理取得的成效是卓著的。

从统计数字看：新加坡国内生产总值长期高速增长，财政连年盈余。人口平均寿命81.8岁，每万人拥有17名医生，15岁以上人口识字率95.7%。居民房屋拥有率89%（东京40%，香港51%），人均居住面积24平方米（东京15平方米，香港7平方米）。2011年全国全年平均失业率只有2%（日本4.5%，香港3.4%）。100%的人口生活区域铺设了下水道，污水处理率1989年就达到100%。

从游客体验看：在新加坡行走，街上看不到警察，但是秩序井然。地铁方便，四通八达，上下班时间也不十分拥挤。公共汽车大部分很新，干净准时。公共设施维护很好，扶手没有锈迹，公共游乐设施没有油漆掉落、积水现象。绿化率很高，马路边树很高大，每个居民小区都有宽敞的草地。空气质量很好，汽车没有黑尾巴，马路边没有明显的尾气味。雨污分流，水渠没有杂草和污泥淤积。作为热带国家，却很少蚊子。自来水干净无味，全部可以直接饮用。社区购物、娱乐、教育、医疗服务齐全，生活方便。

俞可平把善治界定为公共利益最大化的公共管理，有10个要素："①合法性，即政治秩序和公共权威被自觉认可和服从的性质和状态；②法治，即法律成为公共治理的最高准则，在法律面前人人平等；③透明性，即政治信息的公开性；④责任，即管理者应当对其自己的行为担负基本的公共责任；⑤回应，即公共管理人员和管理机构对公民的要求作出及时的和负责的反应；⑥有效，即管理的效率；⑦参与，既指公民的政治参与，也包括公民对其他社会生活的参与；⑧稳定，意味着国内的和平、生活的有序、居民的安全、公民的团结、公共政策的连贯等；⑨廉洁，主要是指政府官员奉公守法，清明廉洁，不以权谋私，公职人员不以自己的职权寻租；⑩公正，指不同性别、阶层、种族、文化程度、宗教和政治信仰的公民在政治权利和经济权利上的平等。"（《政府善治：公民通往幸福之路》，http://finance.sina.com.cn/review /20110101/03239195233. shtml?from=wap）

不论是从经济社会有关指标在世界的排名看新加坡的发展水平，还是从以上10个要素衡量它的公共管理，新加坡都已经进入了与时代同步的稳定的善治状态。

（三）新加坡政府善治的秘诀

很多著作如《新加坡为什么能》等，对新加坡善治的经验进行了详细研究，新加坡历届领导人的回忆录、访谈集等也汇编了丰富的真知灼见。归纳起来，

新加坡人均国内生产总值的增长

年　份	人均GDP／新元	人均GDP／美元
1965年	1580	516
1975年	6065	2558
1985年	14 267	6484
1995年	35 012	24 702
2005年	48 939	29 400
2009年	53 464	36 758
2010年	59 813	43 876
2011年	61 690	49 271

新加坡之善治并没有深奥的秘诀，而在于数十年如一日，真正做到了"摆正位置，用心做事"。

1.摆正位置

首先做一个勤奋的学生。虚心学习，学习不设前提。新加坡积极观察世界变化，主动学习，系统学习，辩证思考，学以致用。对西方的管理技术和东方的治理思想兼收并蓄，比如政治体制采用英国的威斯敏斯特体系，独立后第一个工业发展计划是联合国推荐的荷兰专家制定，但是治国理念中则带有强烈的儒家和法家的色彩。

学习中带着强烈的危机意识，前瞻思考，反复思考，换位思考。2001年新加坡经济面临严峻的转型挑战，李显龙总理要求对政策进行彻底反思，"把每一块石头都翻开来检查，有问题就修正，没问题才放回去"（黄纯贤授课讲义，《新加坡创建美好家园的蓝海策略》，第四期广东省公务员新加坡公共政策专题研究班，2012年7月），最后提出了赌场这个曾被视为禁忌的议题并做出了开放博彩业的决定，振兴了新加坡旅游业，新创造3万个就业机会。

然后做一个诚信的经营者。政府把自己看成受托的经营者，把国家当成一个企业来经营，新加坡人同时是国家的"股东""客户"和"雇员"。新加坡政府本着诚信经营、对股东负责、让客户满意、使雇员劳有所得的责任心，精打细算，善用资源，创造高效益。针对国土面积小水源缺乏的弱点，孜孜不倦、几十年如一日兴修水利工程，现在全国2/3的国土雨水得到收集，紧急条件下可以实现水源自给自足。负责建设"花园中的城市"，维护全国10 524公顷绿化的国家园林局，每年总开支才2.2亿新元。国库因为节约而充裕，得以在社区医疗、普遍教育等国民福利事业上大量投入。

由于几十年持之以恒地代表国家利益"辛勤耕耘，周详策划和有效实施"，人民行动党被一些西方学者认为代表的是"治理的阶级（Governing Class）"，而不是"统治阶级（Ruling Class）"。近几年，新加坡政府更以现代企业家精神要求自己，更加创新，更加全面地认识社会责任，打造新加坡国家品牌，为国民创造更大的价值，促进社会和谐。

2．用心做事

首先是决心。早先是谋生存，后来是谋富强，从李光耀开始的新加坡历届领导人坚定不移地带领新加坡走实事求是、有为务实的道路。国土虽小，新加坡政府却一直决心把新加坡建设成具有大国影响力的发达国家。一切的选拔培养、运作机制、监督考核，都围绕这个决心，为把事情做好而高效率地展开。

然后是专心。高度廉政，使政府官员实现了心无旁骛，专心做事。新加坡的廉政建设在领导者的决心驱动和率先垂范下，经过长期努力，实现了移风易俗的目标，在全社会营造了清廉的风气，建立了社会信任，降低了社会成本，提高了执行力。廉政体系的形成，杜绝了数字造假的弊端，决策得以准确地执行，领导人得以专心谋事。

二、电子政府：新加坡善治新篇章

新加坡敏锐地感知到信息技术革命的力量，认识到建设电子政府对改善招商环境、提升国家竞争力的意义，并迅速行动起来。新加坡从20世纪80年代起开始推行政府信息化，现在已成为世界上电子政府建设最成功的国家之一。

（一）新加坡电子政府建设历程

新加坡先后发布执行了五个电子政府总体规划：

①CSCP（行政服务微机化计划，1980—1999年）。广泛采用信息通信技术提高公共管理的质量与效率，通过建设贸易网、医疗网以及法制网等为"一

站式"服务打下基础。

②e-GapI（第一电子政府行动计划，2000—2003年）。明确提出在电子政府领域要成为全球领先的国家。主要实施了电子服务传送、知识工厂、技术试验、效率提升、强化通信基础设施、信息教育等六大关键项目。

③e-GapII（第二电子政府行动计划，2003—2006年）。实现了三项成果，即"开心客户""联系民众"与"政府网络"，将容易获得的、整合的与有附加价值的政府公共服务提供给目标公众。

④iGov2010（整合政府2010五年计划，2006—2010年）。提出了"从电子政府（e-Government）到整合政府（i-Government）"转变的战略思想，把电子政府发展的焦点从"（电子）过程"转移到"（整合）成果"，希望通过先进的ICT（信息通信技术）将政府各个分散的部门统一起来，以一个整体的形象来面对公众。

⑤eGov2015（新加坡电子政府总体规划2015，2011—2015年）。2011年6月发布的该规划创造性地提出政府与公众的关系将从"政府向你"（Government to you）向"政府与你"（Government with you）转变，提

出"建立一个与国民互动、共同创新的合作型政府"的愿景。规划提出了三项战略目标：

——共同创造更大的价值（Co-creating）。政府数据公开网站data.gov.sg向公众提供了7000多个公开数据集；一站式政府移动服务平台mGov@SG发布了120多项移动政府服务。

——沟通促进积极地参与（Connecting）。加强对社交媒体的运用，完善REACH门户网站，使它成为所有政府部门民意征询、新闻发布和更新的官方渠道。

——继续促进向整体政府转型（Catalyzing）。构建下一代"整体政府"基础设施以增强机构之间的协作，建设国家高速宽带网络，推动云计算和节能技术的发展。

（二）新加坡电子政府建设组织机构

新加坡电子政府建设的组织机构，概括起来是"一部、一局、四委员会"。

①"一部"即财政部（MOF）。财政部作为电子政府的资产拥有者，为电子政府计划和项目提供资金，解决机构之间妨碍服务和程序整合的跨界问题。

②"一局"即新加坡资讯通信发展管理局（IDA）。IDA是新加坡电子政府建设的组织实施部

门，履行新加坡政府CIO职能。作为法定机构，IDA实行类似于企业的管理方式，现有工作人员约1400人，其中800名左右派驻在政府各部门。大部分新加坡各级政府部门及法定机构的CIO直接由IDA派驻官员担任。

③"四委员会"即公共服务21系统委员会、ICT委员会、公共领域ICT指导委员会、公共领域ICT审查委员会。其中，公共服务21系统委员会负责制定电子政府总体规划，ICT委员会负责形成行动计划，公共领域ICT指导委员会提出优先发展项目建议，公共领域ICT审查委员会负责审查核批优先发展项目。

（三）新加坡电子政府部分典型应用

——"电子公民中心"（eCitizen.gov.sg）："电子公民中心"将一个人的人生过程划分为诸多阶段，针对每一个阶段，所有政府机构能以电子方式提供的服务被整合在一起，以一揽子的方式提供给全体新加坡公民。

——"新加坡通行证"（SingPass）：每个15岁以上的新加坡居民都可以申请"SingPass"，实现对57个政府机构服务的单一口令登录。目前登记用户超过280万人，2003年通过该系统办理了450万件事务，2010年达到4000万件。

——"网上商业执照服务"（OBLS，Online Business Licensing Service）系统：实现30多个政府部门的并联审批，企业申办者通过"一次申请、一次支付"即可直接办理超过260项的商业执照申领业务。超过80%的企业开办注册可完全通过OBLS在网上办理，需时仅15分钟，花费仅300新元。

（四）新加坡电子政府建设取得的成绩和荣誉

新加坡电子政府建设先后于2005年、2006年、2007年荣获"联合国公共服务奖"。在"埃森哲电子政府报告"2007年全球排名中，新加坡名列首位。从2009年到2012年，在早稻田大学"世界电子政府"排名中，新加坡连续四年排名第一。2012年7月，新加坡新闻通讯及艺术部（MICA）和新加坡资讯通信发展管理局（IDA）获颁联合国2012年电子政府调查特别奖。

2010年对2800名受访者的调查显示，近90%新加坡公众对新加坡电子政府的总体服务质量表示满意。最新的调查则显示，93%的民众已在办理政府业务的过程中采用电子方式，比2010年的84%再上升了9%。

可以说，电子政府是新加坡政府发展善治的自然选择。新加坡把善治的理念、做法和成果延续到电子政府的建设中，进一步提升了新加坡善治的状态。

三、电子政务：广东善治的重要手段

（一）深化认识电子政务的作用

电子政务能发挥什么作用？

2011年12月工信部发布的《国家电子政务"十二五"规划》指出：国家电子政务发展"是政务部门提升履行职责能力和水平的重要途径，也是深化行政管理体制改革和建设人民满意的服务型政府的战略举措"，"促进了政府职能转变，已成为提升党的执政能力和建设服务型政府不可或缺的有效手段"。

新加坡电子政府的解答是：首先是提高管理和服务效率，这是基础的作用；然后是推动一站式服务乃至整合政府，这是效应的深化；最后是与社会信息化结合，共同推动社会创新，创造更大的价值，这是效益的扩展。

概括而言，电子政务在以下几个方面能直接发挥作用：

①提高办事效率。

计算机和信息网络能提高生产率，对于电子政务来说主要是办事效率。效率提高的结果，政府一方面可以用更经济的手段提供更多（的绝对供给、可用率、共享程度）和更好（的信用、态度、速度）的

服务，另一方面可以节约出人力物力用于支持其他改革措施。20世纪80年代新加坡政府公共服务电脑化项目，实施8年共节约出5000个岗位的人力资源，占当时公务员总数的7.2%。

②提升监督管理能力。

通过信息系统，可以及时精确地掌握宏微观数据，实现动态管理。通过网状信息分发和知识共享，能有效地减少执行中间环节，减少指令变形，提高执行效率。电子政务软件的编写过程就是业务流程规范化的过程，而且代码描述可以比文字描述更加详细准确实用。软件可以把复杂的管理流程隐藏在后台，呈现给每个人一个更加简单易懂的界面。通过网页、软件发布的制度规范的业务流程比较容易做到随时调整、平滑过渡，而红头文件、印刷手册等刚性的载体却无法做到。

尤为重要的是，运用电子政务系统，可以大大增强政府掌握数据的能力，有效地解决监管者比作弊者信息手段少、信息不对称的问题，使虚开增值税发票、出口骗税等诸多钻信息不对称空子的诈骗行为难以成功。

③填补政府结构缺陷，促进构建服务型的一体化

政府。

我们目前的政府结构主要是纵向的科层组织，这种结构有很强的动员能力，但是也存在两大问题：一是横向沟通薄弱、协调困难，由于信息集中到中枢处理，在处理庞大复杂的事务的时候显得效率低下；二是公众服务感应迟钝、手段僵硬，传统政务的生产率无法支持个性化的、灵活的服务，更不可能以公众为中心，把每个公众服务需求当成一个项目去响应完成。

靠提高公务人员素质、增加工作量，或者靠增设新部门、临时机构等方式解决这些问题，前者勉为其难、不现实，后者则成本巨大、只能用于少数重大事项。但是，善用电子政务可以有效缓解这些问题，具体方式就是：

——采用信息系统强化政府横向层。强化跨部门的信息共享、业务协同应用，从而在数据层面不断地削弱部门之间的壁垒，推动形成横向沟通的惯性和机制。织布要经纬交织才能成布，政府也要纵横结合才是一体化政府。采用信息系统强化政府横向层，也就是构建以科层结构为柱、以信息系统为梁的一体化政府。

——通过信息网络加建公众接入层。用信息网络技术整合网站、专用终端、呼叫中心等多种手段建设公众接入层。政府通过公众接入层感知和响应公众需求，办理服务事项，返回办理结果，给公众一站式服务体验。通过信息网络加建公众接入层，也就是以实体政府为大厦、以网络政府为门户，构造服务型政府。

④转变社会风气。

电子政务提供了一个政务代理层，提高了流程透明度，减少了人人接触、权力寻租的机会。采用计算机处理大量具体事务的自动化工作方式，还将促进公务员岗位职能从"办理事务具体环节的工作人员"向"对整个事情负责的督导人员"转变。如此往复，长期下去，通过转变政府工作方式，进而转变社会风气，推动从熟人社会向陌生人社会的进步。

⑤善用电子政务，可以促进地区平衡。

市场经济下，人才、技术、资本、贸易会向生产率高的区域磁聚，而政府效率则是一个地区生产率的重要组成部分。如果一个欠发达地区的政府能够先行一步电子化，这个地区的区域竞争力就能够得到很大的提升。不过在现实情况下，往往发达地区的电子政务开展得更好，这就要求我们积极运用高速网络、云计算等最新技术支持欠发达地区的电子政务的建设，达到授之以渔、通过缩小政府数字鸿沟以缩小区域生产率差距的效果。

⑥积极地存在，从而引领互联网。

政府的传统优势之一就是信息组织，所以政府存在并治理社会。但是现在QQ、Facebook等社交网络，显示了更强更快更廉价的信息组织和网络自组织能力，政府在网络上出现了存在危机。不融入网络就可能被网络替代，要掌握先进的生产力就必须用先进的生产力改造自己。政府只有全面实施电子政务，才能实现在网络上的积极存在，进而改造网络环境，引领互联网。

（二）电子政务是善治之器

电子政务不仅能在以上六个方面直接发挥作用，而且对于其他治理手段，电子政务都能起到重要的辅助作用。

比如：

制度化管理是任何一个单位实现有效管理的关键措施。但是，很多单位制度一大堆，执行效果却不好，为什么呢？因为这些书面制度存在很大的弱点：一是不完善、不细致、不严密，套话多，不实用；二是安静的文字本身没有强制力，不用也行，万一检查出来也容易找借口敷衍；三是执行制度短期内往往没有明显的好处，反而增加了麻烦，增加了成本。

恰恰在这几点上，以软件作为载体的电子政务应用有优势：一是相比较而言流程更加完整，逻辑更加严密；二是投入使用后具有一定的强制力，不使用的人不能掌握信息，甚至无法办公；三是一般都能有立竿见影的好处，比如少跑腿、提高发文效率等等。

所以，把电子政务应用系统作为制度的载体，甚至直接在建设电子政务的过程中形成制度，是更有效的制度化管理的措施。

总之，电子政务虽然不是万能钥匙，但确是万用工具，是具有重大价值的善治之器。

（三）工欲善其事，必先利其器

新加坡是先实现了有效的治理，再实施电子政府以发展更好的善治，在建设电子政府的过程中，体制障碍不是很明显。相比较而言，广东推进电子政务与克服体制障碍要同步进行，并希望通过电子政务的进步带动体制障碍的解决。所以，广东电子政务承担了更重的责任。

工欲善其事，必先利其器。电子政务要承担重任，就必须做好做强。好就是创造价值，大家愿意用它；强就是足够有力，能够改变使用者。

　　过去十余年，广东电子政务取得了很大的进展，但是整体而言问题也很突出，"公众参与程度和服务项目的使用程度偏低，信息孤岛顽症难以克服，投资效益不显著"。

　　电子政务不够好不够强，没有发挥应有的作用。很多电子政务应用系统只是传统政务流程的被动投影，没有起到推动传统政务流程再开发、再进步的作用。

　　不好不强的结果就是更不好更不强，形成了落后的怪圈。对此，我们要创造性地运用新理念、新方法、新技术，突破落后的怪圈，把电子政务带上又好又强、更好更强的正反馈的轨道。

四、广东电子政务：怎样做好做强

（一）成功始于正确的观念

1.技术观

[开放的技术平台]

　　信息技术和互联网发展的历史证明，开放平台才能赢得发展。1991年，22岁的芬兰赫尔辛基大学学生Linus发布了Linux，这是迄今为止唯一真正威胁过微软公司Windows的电脑操作系统，不是Linux的技术比Windows先进，而是Linus为Linux规划的开放战略取得了巨大的成功。20世纪70年代，苹果公司开创了PC行业，但是因为困守封闭平台，被IBM和微软远远抛离，几次濒临财政破产。直到进入新世纪，在更新更高的网络业态层面，苹果公司率先主导营造了一个开放的移动互联网平台，再创辉煌，今年8月20日登顶"有史以来全球最值钱的公司"。

对于电子政务，只有采取开放的体系架构、开放的数据平台、开放的基础应用，才能与产业同步，保持技术先进性，才能大规模降低成本，充分发挥出电子政务的效益优势。

2.经济观

[打造品牌]

品牌是理想和信念的凝聚。打造品牌就是建设有理想和信念的电子政务。有理想，才能使沉闷的工作充满活力与创新，才能以令人激动的事业吸引优秀的人才。有信念，就是要提炼出简单的准则，简单才容易理解，才能够代代传承。

品牌是理念，理念也是执行力。正如《公共行政学：管理、政治和法律的途径》书中提到的：工作一旦被分割，就需要协调，协调一靠组织，即计划、组织、人事、指挥、协调、报告、预算；二则靠理念，即"通过在组织成员的思想和意志上树立单一的目标，每个员工会自动地以技能和热忱将其任务与整体相结合"（见参考文献[2]）。

[为每个人创造价值]

电子政务要为用户创造价值。为公众提供更方便的办事服务，为公务员提供更便捷的事务处理，为领导者提供更好的决策支持，等等。对不是直接用户的电子政务主办者，也应该把用户获得的价值和满意通过一种有效、直观的渠道反馈给他们，使主办者能坚持对电子政务的支持。为每个人创造价值，就能避免形成社会上的反对者，实现可靠的效益正反馈，使电子政务获得持续发展的持久动力。

用户体验是价值中的关键一环。用户体验差，目的虽好，也难以获得支持。就好像免费给某个偏远农户家安装自来水，当然是好事，但是如果野蛮施工，上来就穿墙打洞、鸡飞狗跳，那农户很可能说"免了吧，我还是自己挑水吧，累点，但是省心"。忽视用户体验，再美好的愿景也会变成被人鄙弃的"嗟，来食"。

3. 策略观

[坚持公众服务导向的战略]

公众服务不是电子政务的唯一功能，但是应该成为标绘电子政务战略路径的目标。这是建设服务型政府的要求，更是对机会成本冷静衡量的结果。因为公众对电子政务的需求是相对稳定清晰的，而政务部门对电子政务提出的需求则往往是一人一词、飘忽多变的，只有坚持公众服务导向的战略，以满足公众需求为目标，我们才能标绘稳定而清晰的电子政务路线图，避免陷入需求多变的泥潭。

坚持公众服务导向的战略，与为每一个人创造价值的理念，是辩证统一的。长征就是战略转移，但是长征也是宣言书、宣传队、播种机。电子政务是面向公众服务的行军，但是只要合理设计，就能在过程中把其他的需求有效地连接进来。

[实事求是，辩证思考，创造灵活的战术空间]

"标准先行？"——对，也不全对。实际上，成功应用后才能有真正可行的标准，一个成功的应用就是一套有效的标准。

"要有完整的技术解决方案？"——对，也不全对。复杂的系统往往不是一蹴而就设计出来的，而是由成功的主干业务扩展而来，它是一个成长的过程。

"功能要完整？"——对，也不全对。追求功能完整的结果，往往造成系统过于复杂，质量难以控制，实施时间一再拖延。很多时候，只有通过简单化把电子政务应用的开发周期压缩到3个月之内，才能及时为政策提供技术支持。

"先整体设计，再逐步细化？"——对，也不全对。清晰的设计书一般是采用先整体、后细化的逻辑阐述成文。但是真正优秀的设计，它的形成过程往往是双向推演的过程，是整体细化为个体与个体归纳成整体两个推演逻辑不断找寻最佳的平衡点的复杂的演进。

"以应用为主导开发信息系统？"——对，也不全对。一般认为，信息是人的活动中传递的符号。但是，如果我们换位思考一下，也许能更深刻地理解《信息改变了美国　驱动国家转型的力量》一书所言的美国"将信息视为构成其社会、经济和政治世界的关键基石"的含义。

"用户体验就是又快又好？"——对，也不全对。在美国有一个州，每隔五年，人们就要排队更换新驾照，要照相、填表、排很长的队，于是政府想提升人们申请驾驶执照的用户体验，设计了一个减少排队长度的方案。但是方案实施前，政府做了一次认真的用户调查，结果令政府十分惊奇，原来排队的人最关心的不是队伍长不长，而是照片质量好不好。因为每五年才排一次队，而驾照上的照片却要经常地看。于是政府把改进的方向放到提高照片的质量上，获得了公众的好评。

[高度的风险意识]

一是品牌风险，说了却做不到；二是投资风险，有时候建设投资过大，有时候则运行经费过高；三是信息安全风险，不该泄露的信息被窃取了是风险，不该遗失的数据灭失了也是风险；四是技术风险，比如选择了集中式、高效率的系统，却增大了小故障造成大瘫痪的风险；等等。

对所有的风险，都必须全面综合评估，要反复地听取批评的声音。对无法细致评估的风险，也必须采用合适的策略将它们控制在可承受的范围内。

（二）集约化：建设整合、高效、经济的电子政务

一是建设好电子政务基础技术平台。包括：

①政府内部高速网络平台。为了创造良好的用户体验，从网络中心到每个公务员的桌面应该有10 Mbps以上的有效带宽，到每个部门应该有200 Mbps以上的有效带宽，与公众互联网应实现G级以上高速连接，并全面支持宽带移动接入。

②网络政府门户。要满足社会化网络时代的用户

体验需求，为公众提供功能全面、方式多样、条理清晰、使用简便的服务界面。

③云计算体系。云计算是实现资源共享、政务业务协同、互联互通的强大武器，要积极推进政府云的应用，提供一个安全、健壮的信息及服务共享环境。

④数据综合体系。要整合数据中心，把基础数据库、数据采集、统计分析、信息比对、数据可视化系统等建成平台性、普遍性的应用服务。英国在2010年发布的政府ICT战略中明确指出，要将政府现有的130多个数据中心整合为10—12个，预计将减少近75%的能源消耗，每年节省近3亿英镑的IT设备开销。

⑤一体化协同体系。一体化协同体系通过实现跨部门事务处理的自动化，逐步形成部门之间业务流转的"总线标准"，促进各部门内部办公自动化系统的标准化升级。一体化协同体系就好像干线铁路，各部门内部办公自动化系统就好像支线铁路，通过建设干线把支线连接起来，逐步实现标准划一。

⑥信息安全体系。制定综合网络空间安全防护体系，缩减政府部门互联网出口数量，构建身份认证和数据安全存储平台，加强统一安全保障。

⑦技术支撑体系。研发、运营等尽量采用外包等社

会化市场化机制，政府则按照SMART（具体Specific、可衡量Measurable、可达到Attainable、可证明Relevant、明确期限Time-bound）的原则建立绩效指标。

⑧质量管理体系。包括绩效考核、标准规范、管理运行制度、总结检讨和前瞻机制等等，全部的制度、流程、方案、设计、代码、文档都应该纳入质量管理体系管理，通过执行质量管理体系，确保电子政务的服务质量和持续改进。

二是集中投入，开发几个前端关键应用（Killer Application），把用户体验真正做到尽简尽美，从而极大地扩充电子政务的用户数量。比如：

①面向公众（包括个人和法人）的个性化在线政府。具体形式可能是QQ那样的PC外挂软件，也可能是市民网页这样的网站。

②面向社会的数据采集和公开系统。把原来只呈现给特定部门的数据，比如信用数据、气象数据，按公益的原则以方便的接口开放给社会，实现数据取之于社会，用之于社会，充分发掘数据的附加社会价值和经济价值。

③面向领导决策的数据可视化呈现系统。把数据变成最直观的视觉冲击，好不好，全不全，一目了然。

④面向公务员的个性化办公系统。把一体化政府的思想嵌入到简约的办公界面中，潜移默化提高公务员处理三维（上下——纵向组织维，左右——横向配合维，前后——业务流程维）事务的能力。

这几个前端应用直接面向用户，把电子政务基础技术平台的强大生产力转化为用户价值，从而更好地获得用户价值的驱动，推进电子政务的集约化建设，实现整合、高效、经济的电子政务。

（三）电子政务建设中的资源瓶颈：软件人才

利器是能工巧匠打造的。好而强的电子政务，需要优秀的软件人员去开发实现。没有软件人员艰苦而创造性的劳动，任何电子政务理念都只能是空中楼阁。

现在电子政务领域极其缺乏优秀的软件工程人员。主要原因有：国内软件人才本来就缺，有限的人才大部分被高薪吸引到了互联网公司；电子政务市场发育程度低，鱼目混珠，缺乏真正理解政府价值观的企业；从事电子政务领域的公司里，软件人员地位低，劳动热情低。

为了解决这个瓶颈问题，有必要在政府引导下，发挥市场机制作用，培育新型的软件龙头企业，吸引培养软件人才，组织提供电子政务软件全周期地从需求分析、软件工程、软件评测到代码管理等的优质服务。从信息安全、服务长期有保障、共同发展的事业心三个因素考量，这些企业以国有控股较好。

新加坡国家机关每年在ICT领域支出13亿—16亿美元，约为GDP的千分之五，假设其中1/5是软件开发费用，则就是GDP的千分之一。参考此比例估算，广东的电子政务软件市场规模以数十亿元计，全国市场规模以数百亿元计，如果考虑到与电子政务系统直接相关的社会信息化系统，这个规模至少还要翻番。这么庞大的市场，终究会走向集约化的，终究能培育出优秀的软件企业的，只不过，如果广东能先行一步，就能够实现电子政务与软件产业的双丰收。

小结

新加坡碧山公园里，有条小河通向下游的水厂。早年为了保证水质，公园花巨资把弯弯曲曲的河道全部拉直，浇筑成三面光的混凝土水渠。现在因为有了更好的水净化技术和河堤绿化加固技术，公园又敲掉了混凝土，把水渠恢复成自然生态、水草丛生的小河，兼顾了鱼鸟栖息觅食、居民休憩亲水和水厂引水功能。

这个事例启发我们，突破旧的思维定式，集成使用跨代际的新技术，能帮助我们创新建设模式，创造更大的价值。

如今，"超高速宽带网络、新一代移动通信技术、云计算、物联网等新技术、新产业、新应用不断涌现，深刻改变了电子政务发展技术环境及条件"（《国家电子政务"十二五"规划》，2011年12月）。及时抓住技术跃升的机遇，采用集约化方式，建设整合、高效、经济的电子政务系统，有助于克服体制障碍，为广东善治发挥更大的作用。

过去十余年，我们已经积累了大量的电子政务建设成果。现在，我们需要通过连接把这些成果的效益最大化，并通过连接引导各部门的电子政务投资和社会信息化的热情，共建共创共享，聚合出全新的价值，从而建设又好又强的电子政务，驾驭信息奔流，汇聚网络蓝海，承载广东善治之舟！

参考文献

[1] [美]阿尔弗雷德·D.钱德勒、詹姆斯·W.科塔达编，万岩、邱艳娟译，《信息改变了美国 驱动国家转型的力量》，上海世纪出版股份有限公司远东出版社，2008年1月。

[2] [美]戴维·H.罗森布鲁姆、罗伯特·S.克拉夫丘克、德博拉·戈

德曼·罗森布鲁姆著，张成福等校译，《公共行政学：管理、政治和法律的途径》，中国人民大学出版社，2002年12月。

[3]姚家庆、唐翀，《新加坡廉能政府建设的经验及启示》，《东南亚研究》，2012年第2期。

[4]叶慧珏，《新加坡"移动电子政府"：社会治理思路悄然改观》，《21世纪经济报道》，2011年8月15日第019版。

[5]王元放，《新加坡电子政务成功经验及对我国的启示》，《电子政务》，2007年第11期。

[6]姚国章、胥家鸣，《新加坡电子政务发展规划与典型项目解析》，《电子政务》，2009年第12期。

[7]张铠麟、黄磊，《发达国家政府信息化最新发展及对我国的启示》，《生产力研究》，2011年第10期。

[8]周斌，《面向公众服务的电子政务研究》，同济大学管理学博士论文，2007.1。

[9]《中国信息协会研究报告：让电子政务更有效益》，互联网来源：http://www.siwin.com.cn/detail_news.asp?id=46，2012.8.23。

[10]冯禹丁，《新加坡迈向"智慧国"》，互联网来源：http://money.163.com/10/0727/15/6CK1SM9800253G87.html，2012.8.20。

[11]《新加坡电子政府获联合国特别奖》，互联网来源：南方网，http://www.southcn.com/jsfw/zxdt/content/2012-07/17/content_51154324.htm，2012.7.18。

[12]《2011年世界各国/地区GDP排名》，互联网来源：http://bbs.news.163.com/bbs/jueqi/248463938.html，2012.9.1。

[13]新加坡电子政府网站，http://www.egov.gov.sg。

[14]新加坡资讯通信发展管理局网站，http://www.ida.gov.sg。

[15]"第四期广东省公务员新加坡公共政策专题研究班"授课讲义。